过渡金属基催化剂的制备及其在电催化中的应用研究

徐小虎 著

中国原子能出版社

图书在版编目 (CIP) 数据

过渡金属基催化剂的制备及其在电催化中的应用研究 /
徐小虎著 . -- 北京：中国原子能出版社，2021.12
　　ISBN 978-7-5221-1758-4

Ⅰ . ①过… Ⅱ . ①徐… Ⅲ . ①多金属催化剂—研究
Ⅳ . ① O643.36

中国版本图书馆 CIP 数据核字（2021）第 278732 号

内 容 简 介

随着社会经济的飞速发展，传统能源短缺、环境污染问题日益突出，迫使人们发展高效、清洁的新一代能源。氢能具有高能量密度、燃烧热值以及零碳组成，被视为极具前途的能源载体。在众多的制氢方法中，电解水制氢无疑是最经济、环保的。如何制备低成本、高性能且高稳定性的催化剂，是目前研究者共同关注的科学问题之一。本书主要介绍了过渡金属基复合物催化剂的常用制备方法及其在电催化制氢方面的相关应用研究。本书论述严谨，条理清晰，内容丰富，是一本值得学习研究的著作。

过渡金属基催化剂的制备及其在电催化中的应用研究

出版发行	中国原子能出版社（北京市海淀区阜成路 43 号 100048）
责任编辑	马世玉
责任校对	冯莲凤
印　　刷	北京亚吉飞数码科技有限公司
经　　销	全国新华书店
开　　本	710 mm × 1000 mm　1/16
印　　张	8.375
字　　数	171 千字
版　　次	2023 年 3 月第 1 版　2023 年 3 月第 1 次印刷
书　　号	ISBN 978-7-5221-1758-4　　定　　价　96.00 元

网　　址：http://www.aep.com.cn　　E-mail:atomep123@126.com
发行电话：010-68452845　　　　　　版权所有　侵权必究

前　言

　　能源是人类社会生存和发展的重要物质基础。传统的化石燃料能源存储量日益枯竭以及使用过程中带来的严重环境污染问题日益严重，迫使人们发展高效、清洁的新一代能源。近年来，各国对清洁可再生能源，如风能、地热能和太阳能等的研究力度逐渐加大，形成了相应的规模体系，然而，这些能源受季节和地域分布的影响较大，不能持续高效地并入电网供电。因此，将过剩的能源及时存储起来(如化学能)，以提高能源利用率，为我们解决能源问题提供了重要的思路。在众多的清洁能源载体中，氢能因其能量密度高、燃烧热值大、零碳元素组成以及来源广等优点，被视为是未来极具前途的能源载体。电催化水分解制氢技术，是目前制备清洁可再生氢能最具潜力的绿色无污染途径。其中，合成高效、低成本高稳定性的催化剂是大规模电解水制氢的关键。

　　电催化水分解过程包含两个半反应：阳极的析氧反应(Oxygen Evolution Reaction，OER)，阴极的析氢反应(Hydrogen Evolution Reaction，HER)。目前，最有效的 HER 和 OER 催化剂，分别是贵金属 Pt 基催化剂和 Ir、Ru 基催化剂。但是贵金属的储量低、成本高，限制了贵金属催化剂的大规模工业使用。因此，开发高效、稳定、廉价的非贵金属基催化剂替代贵金属基催化剂，降低过电势，减少能量损耗，成为了比较有前景的方式。从近年来关于电催化水分解产氢的研究进展中发现，过渡金属化合物是一种有潜力的贵金属催化剂替代物，并且可以通过对其组分、结构、形貌等方面进行合理地设计和优化，从而进一步提高其催化活性，为设计开发高性能的过渡金属基催化剂提供了非常多的可能。同时利用热力学更加有利的小分子氧化反应(如肼氧化反应，尿素氧化等)来代替缓慢的析氧反应可以有效提升制氢效率。本书通过溶剂热、低温退火等兼顾成本效应的方法在商用金属泡沫基底上原位生长了三种高效的多功能过渡金属基复合材料催化剂，并对其在电催化制氢方面的性能进行了研究。

由于作者水平有限,本书所包含的内容难免有遗漏或者不当之处,敬请专家、学者批评、指正。

徐小虎

2021 年 11 月于南区实验楼

目 录

第1章 电催化水分解概述

1.1 引 言

　　随着全球经济的快速发展,日益枯竭的传统化石燃料已经不能满足人类日益增长的能源需求[1,2]。同时,化石燃料燃烧导致温室气体[如二氧化碳(CO_2)]的过度排放,引发了一系列严重的环境问题,如全球变暖和冰川融化[3]。因此,开发清洁、便宜和可靠的新能源成为当今世界亟需解决的焦点问题之一[4]。太阳能、风能、地热能等可再生能源存在地域性、季节性以及不可持续性的缺点,因此难以大规模推广。氢能以其高能量密度、高燃烧热值、以及产物对环境友好等优点,被认为是替代传统化石燃料的不二之选[5-7]。然而,地球上不存在天然的氢能,必须由其他形式的能源转化。因此,如果将太阳能、风能等可再生能源转化为氢能,既可以满足人们对能源需求,同时也可以解决其间接性和地域性的问题[8-10]。目前,在众多的制氢方法中,由于电催化水分解(Electrochemical Water Splitting, EWS)制氢具有零碳排放,产物纯度高等优点而受到研究者的广泛关注[11-13]。电解水包含两个半反应,分别是发生在阴极上的两电子析氢反应(Hydrogen Evolution Reaction, HER)和发生在阳极上的四电子析氧反应(Oxygen Evolution Reaction, OER)[14,15]。然而,在电解水过程中,电极表面存在严重的极化现象,需要提供额外的过电势来保证反应的发生,进而增加电催化过程中的能源消耗。因此需要使用催化剂来降低反应过程中的过电势。

　　众所周知,贵金属催化剂(如Pt、IrO_2、RuO_2和Au等)在电解水反应中具有优异的催化性能,但其成本高,储量少,严重阻碍了大规模商业化[16,17]。因此,开发低成本、高性能、高耐久性的非贵金属双功能催化剂对提高电解水制氢效率具有重要意义。近年来,由于过渡金属特殊的电子结构(d轨道呈现部分填充),具有"接受/给予"电子的能力,以及合成、表征、分析技术的发展,使得过渡金属基催化剂(如过渡金属硫化物、磷化物、氧化物、氮化物、碳化物及其混合物等)的研究取得了重大进展,由于其储量丰富,催化性能优异被广泛地开发和应用。

近年来,科研人员发现用甲醇[18-20]、乙醇[21-23]、尿素[24-28]、肼[29-35]等更利于氧化的物质替代缓慢的水氧化,是一种节能制氢的新途径。在这些物质中,由于肼氧化反应(HzOR)过程具有较低的理论分解电位(-0.33 V vs RHE),并且产物(N$_2$和H$_2$)防爆[36],因此HzOR协助EWS被认为是一种环保、高效节能的制氢策略[37-43]。近十年来,各种过渡金属基的双功能电催化剂被设计用于HER和HzOR,包括过渡金属氧化物/合金/氢氧化物[44-47],氮化物,磷化物和硫化物[48-51]。其中,过渡金属氧化物(TMOs)因其资源储备丰富、极端环境下稳定性良好和生态友好性等优异的理化特性而受到广泛关注[52,53]。近年来研究表明,钴基氧化物在电催化水分解中得到了广泛的应用。Co$_3$O$_4$由于其独特的电子态和合理的纳米结构,可扩展的比表面积,可以有效地改善电荷和物质的输运,提升催化活性。例如,Wu等人合成了一种八面体Co$_3$O$_4$颗粒催化剂明显降低了HER和OER反应的过电位[54],Qiao等人以金属有机框架为基础,在铜基底上制备的含碳多孔Co$_3$O$_4$纳米线阵列也具有良好的OER催化活性[55]。虽然科研人员已经取得了很大的进展,但在合成路线和结构优化方面还需要进一步的探索,以开发更具活性和稳定性的电催化剂。此外,过渡金属基磷化物因其良好的电导性而具有优异的电催化性能,受到人们的广泛关注。例如,Sun等人在泡沫镍上合成了一种双功能Ni$_2$P纳米阵列催化剂,该催化剂对HER和HzOR表现出优越的催化活性[38]。此外,Sun等人还在Ti网上开发了CoP纳米阵列[39],在泡沫镍上开发了FeP纳米片阵列[30],这些均具有高效的HzOR催化活性。Zhao等人开发了一种纳米管状Ni(Cu)合金,对HER和HzOR均具有良好的催化活性[32]。Hou的研究小组在碳多面体上合成了一种新型的混合电催化剂,由N掺杂碳纳米管包裹的CoP纳米粒子组成,具有显著的HER和HzOR性能[29]。

1.2　电解水理论基础及催化剂的表征

1.2.1 电解水理论基础

1.2.1.1 电解过程原理

图 1-1 展示了一个水分解电解槽的示意图,该电解槽由三部分组成:阳极、阴极和电解液。电解反应包括阴极上的析氢反应(HER)和阳极上的析氧反应(OER)两个半反应。在不同的电解液中,尽管总反应相同,但电极上会发生不同的电化学反应。

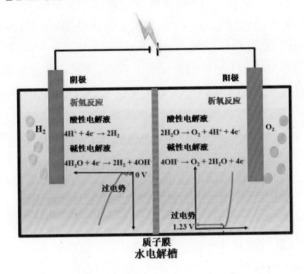

图 1-1　水分解电解槽示意图及相关反应动力学(取自文献 [1])

在酸性介质中:

阴极(HER): $2H^+ + 2e^- \longrightarrow H_2$　　　　　　　　　　　(1-1)

阳极(OER): $H_2O \longrightarrow 2H^+ + 1/2O_2 + 2e^-$　　　　　(1-2)

总反应: $2H_2O = 2H_2 + O_2$　　　　　　　　　　　　　　(1-3)

在碱性介质中:

阴极(HER): $2H_2O + 2e^- \longrightarrow H_2 + 2OH^-$　　　　　(1-4)

阳极(OER): $2OH^- \longrightarrow H_2O + 1/2O_2 + 2e^-$　　　　(1-5)

总反应: $2H_2O = 2H_2 + O_2$　　　　　　　　　　　　　　(1-6)

在 25℃、1 atm 的条件下,总反应的热力学分解电压为 1.23 V,想要使电解反应顺利地连续进行,除了要克服 1.23 V 的热力学电压,还要克服由于极化在阴、阳极上产生的过电位 $\eta_{cathode}$ 和 η_{anode},以及克服电解池电阻所产生的电位降 IR。这三者的加和就称为实际分解电压,表达式为:

$$E = 1.23V + \eta_{cathode} + \eta_{anode} + IR \qquad (1-7)$$

从这个方程中可以清楚地看出,过电位的降低是整体电解水反应节能的关键。事实上,使用高活性析氢和析氧催化剂可以有效地降低 $\eta_{cathode}$ 和 η_{anode},而通过优化电解槽设计可以使 IR 最小化。

1.2.1.2 阴极析氢过程原理

电化学 HER 涉及多个步骤,在酸性电解液中,第一步(Volmer 反应)是还原催化位点(M)上的质子得到电子形成吸附氢(Hads)[13]。在催化剂表面 Hads 覆盖较低的情况下,Hads 较好地与一个质子和一个电子结合生成 H_2 分子(Heyrovsky 反应)。在高 Hads 覆盖的情况下,两个相邻的 Hads 原子结合形成 H_2(Tafel 反应)。机理研究表明,H_2 分子是通过 Volmer-Heyrovsky 或 Volmer-Tafel 途径形成的。同样,HER 在碱性条件下也通过类似的途径进行。不同的是,Volmer 反应在酸性介质中很容易,因为有丰富的可用质子,而在碱性介质中,由于在吸附 H 之前需要分解水,所以在动力学上更缓慢。HER 的过程可以用以下基本步骤来描述[18,19]:

Volmer(伏尔默)反应:

在酸性介质中:$H^+ + M + e^- \longrightarrow MH_{ads}$ 　　　　　　(1-8)

在碱性介质中:$H_2O + M + e^- \longrightarrow MH_{ads} + OH^-$ 　　(1-9)

Heyrovsky(海洛夫斯基)反应:

在酸性介质中:$MH_{ads} + H^+ + e^- \longrightarrow M + H_2$ 　　(1-10)

在碱性介质中:$MH_{ads} + H_2O + e^- \longrightarrow M + OH^- + H_2$ 　(1-11)

Tafel(塔菲尔)反应:

$$2MH_{ads} \longrightarrow 2M + H_2 \qquad (1-12)$$

Volmer-Heyrovsky 和 Volmer-Tafel 途径都涉及中间 Hads 的形成。因此,H 吸附的自由能变化(ΔG_{H*})是预测/估计 HER 催化剂活性的一个重要指标。理想的 HER 催化位点的 ΔG_{H*} 应该接近于零。ΔG_{H*} 与材料的表面化学性质和电子结构密切相关。近年来,国内外广泛研究开发了过渡金属硫化物、硒化物、氧化物、磷化物、碳化物、氮化物、合金等活性较高的 HER 催化剂。

1.2.1.3 阳极析氧过程原理

与 HER 相比，OER 反应过程较为缓慢，反应途径复杂，一般认为是电解水的热力学和动力学要求较高的过程。从本质上讲，析氧是一个羟基在碱性溶液或一个水分子在酸性条件下氧化的结果。OER 一般涉及四电子转移过程。所涉及的过程如下：

在酸性介质中：

$$H_2O+ M \longrightarrow MOH+ H^+ +e^- \tag{1-13}$$

$$MOH \longrightarrow MO+ H^+ +e^- \tag{1-14}$$

$$MO+ H_2O \longrightarrow MOOH+ H^+ +e^- \tag{1-15}$$

$$MOOH \longrightarrow O_2+M+ H^+ +e^- \tag{1-16}$$

在碱性介质中：

$$M+ OH^- \longrightarrow MOH+e^- \tag{1-17}$$

$$MOH+ OH^- \longrightarrow MO+ H_2O +e^- \tag{1-18}$$

$$MO+ OH^- \longrightarrow MOOH^+ +e^- \tag{1-19}$$

$$MOOH^+ + OH^- \longrightarrow O_2 +M +H_2O +e^- \tag{1-20}$$

OER 过程中复杂的多电子转移过程导致析氧动力缓慢，需要较高的过电位才能加速反应。OER 的高过电位显著降低了整体电解水效率，反过来又阻碍了 H_2 的生成效率[12,20,21]，这使得 OER 成为电解水技术的瓶颈。制备高活性电催化剂对于降低反应活化能，加速 H_2 和 O_2 的生成，从而提高整体水分解效率具有重要意义。

1.2.2 催化剂的表征

1.2.2.1 物相结构表征

（1）XRD 表征。X 射线衍射技术（X-ray Diffraction, XRD）。是通过对材料进行 X 射线衍射，分析其衍射图谱，获得材料的成分、材料内部原子或分子的结构或形态等信息的研究手段。X 射线衍射分析法是研究物质的物相和晶体结构的主要方法。

（2）XPS 表征。X 射线光电子能谱技术（X-ray Photoelectron Spectroscopy, XPS）是电子材料与元器件显微分析中的一种先进分析技术。它不但为化学研究提供分子结构和原子价态方面的信息，还能为电子材料研究提供各种化合物的元素组成和含量、化学状态、分子结构、化学键方面的信息。

（3）Raman 表征。拉曼光谱（Raman Spectra）是一种散射光谱，其主要是通过拉曼位移来确定物质的结构。它提供的结构信息是关于分子内部各种简正振动频率及有关振动能级的情况，从而可以用来鉴定分子中存在的官能团，进而对分子结构进行识别。

（4）SEM 表征。扫描电子显微镜（Scanning Electron Microscope, SEM）利用被反射或撞击样品的近表面区域的电子来产生图像，达到对物质微观形貌表征的目的。

（5）TEM 表征。透射电子显微镜（Transmission Electron Microscope, TEM）探测穿过薄样品的电子来成像，可以显示物件的内部或表面的形貌信息。

1.2.2.2 催化性能表征

（1）过电位（η）。在任何进行水分解的电解液中，HER 和 OER 的热力学平衡电位相对于可逆氢电极（RHE）来说，分别为 0 V 和 1.23 V（vs RHE）。然而，在实际操作过程中，由于固有的动力学障碍，需要一个额外的电势（定义为过电势，通常用符号 η）来推动电化学水分解。在水分解过程中，存在电化学过电位、浓度过电位和电阻过电位三种。电化学过电位是电催化剂的一种固有特性，通过选择合适的电极材料可以大大降低电化学过电位。浓度过电位与本体溶液和电极表面之间所涉及离子的浓度差有关，可以通过搅拌溶液或升高温度来部分地降低它。电阻过电位是由电解液电阻、导线电阻、接触点电阻以及电极电阻等引起的，这些电阻将导致额外的电压降，这使得电极的测量电位大于真实值。消除电阻过电位的一种有效方法是进行欧姆降补偿，即 IR 补偿。一般来说，给定电流密度下的过电位是由电流密度与过电位的极化曲线来计算的。在相同电流密度下，过电位越小，电催化剂的性能越好。

（2）塔菲尔斜率（Tafel slope）。塔菲尔图描述了电流密度对过电位的依赖性。一般来说，过电位（η）与电流密度（j）呈对数关系，Tafel 图的线性部分符合 Tafel 方程：$\eta=a+b \log j$，b 是 Tafel 斜率，j 为电流密度。Tafel 斜率可以用来推断电催化剂可能的动力学速率，并确定反应机理。Tafel 斜率越小，表示增大相同的电流密度需要的过电位越小，即电催化性能越好。目前,作 Tafel 图有三种方法,即伏安法、计时安培法 / 计时电位法和电化学阻抗谱法(EIS),其中伏安法是应用最广泛的方法。

（3）电化学活性面积(ECSA)。电化学活性面积(Electrochemically Active Surface Area, ECSA)可以用来评价某一电催化剂在给定表面上的活性位点总数。一般来说,较大的 ECSA 有利于水分子和中间体的吸附,并能增强催化剂与电解液的接触,为电催化反应提供丰富的活性位点。实验中可以通过测量双电层电容(C_{dl})来估算电化学活性面积。通过在非法拉第区域内(即选择没有发生氧化还原的电压范围)进行测量,得到一个类矩形的 CV 曲线。在以不同扫率(v)进行循环扫描时,非法拉第电流密度(j)的变化应与扫描速率成线性比例,从而根据斜率给出双电层电容($C_{dl} = \Delta j / v$)。

（4）稳定性(stability)。良好的结构和催化稳定性对于具有实际应用潜力的材料至关重要,有两种方法来表征催化剂的电催化稳定性。一种方法是测量电流随时间的变化(即 $i\text{-}t$ 曲线)。通常设置较长时间(>10 h)下维持大于 10 mA · cm^{-2} 的某一电流密度,记录电压的变化。另一种方法是进行循环伏安实验,通常催化材料的循环次数应在 3 000 次以上,才能表现出良好的稳定性。

（4）法拉第效率(FE)。法拉第效率(Faradaic efficiency, FE)可以定义为外部电路提供的电子转移促进电化学反应的效率。法拉第效率描述了在电化学系统中电子参与期望反应的效率。一般来说,可以通过计时安培法或计时电位法的积分计算理论上产生的氢气量。实际生成的 H$_2$ 气体的量可通过传统的水气置换法、气相色谱法或荧光光谱法进行测量。这是用来发现催化剂真正活性的一种非常有用的方法,法拉第效率的降低可能由于一个或多个出现在电位窗口的氧化还原峰,以及一些在电催化过程中不必要的副反应和热损失。一般来说,法拉第效率的降低绝大部分主要来源于其他产物的形成或热损耗。

（6）电化学阻抗谱(EIS)。电化学阻抗谱(Electrochemical Impedance Spectroscopy, EIS)可以探讨 HER 和 OER 的动力学以及电极 / 电解液的界面反应的快慢。一般来讲,电荷转移电阻(Rct)可以通过高频区的半圆直径得到。Rct 值越低,说明催化材料的阻抗越小,电荷转移速度越快,电化学过程的反应速率越快。

1.3 优化电解效率的策略

通常有三种策略来提高电催化系统的催化效率：

（1）增加给定电极上的活性位点数量（例如，通过增加负载或改进催化剂结构，使每克催化剂暴露更多的活性位点）。

（2）增加各活性位点的固有活性[22]。

（3）设计热力学更易进行的阳极替代反应。这些策略并不是相互排斥的，理想情况下可以同时处理，使催化活性得到最大程度的改善。在不影响其他重要过程（如电荷和质量传输）的情况下，可以在电极上负载多少催化剂材料是有物理限制的。另一方面，增加内在活性会导致电极活性的直接增加，从而减轻由于高催化剂负载而产生的传输问题。此外，水的氧化电位在可逆氢电势下是 1.23 V，和水相比，尿素和肼都具有较低的理论氧化电位，这些分子很容易在低于 OER（1.23 V vs RHE）的阳极热力学电势下被氧化并转化为其他化学物质，从而显著降低了析氢槽电压。所以用这些热力学上更加有利的阳极氧化反应来代替阳极析氧反应是一种提升析氢效率的有效方式。于是科研工作者可以从增加电极上的活性位点数量、增加各活性位点的固有活性和设计热力学更易进行的阳极替代反应等方面进行研究，以此来提升催化效率。

1.3.1 增加催化剂活性位点数

1.3.1.1 构建活性位点丰富的纳米结构

与块体材料相比，纳米结构材料通常具有更大的比表面积和更高的表面活性位点密度。因此，提高催化剂对电解水的催化活性的一种简便方法是制备纳米结构的催化材料。为了增加催化材料的活性位点，不同的研究小组开发了一些制备纳米结构的方法。Peng 等人采用两步法设计并制备了一种新型的纳米片三维网状结构电极[23]，得益于独特的三维分层结构、较大的比表面积、Ni_2P 与 MoS_2 的协同效应以及导电碳布的支撑，所获得的电极对析氢和析氧反应（HER 和 OER）均表现出优越的电催化活性。在 1 mol·L^{-1} KOH 水溶液中驱动 10 mA·cm^{-2} 的电流密度时,其 HER 和 OER 过电位分别为 78 mV 和 258 mV。Feng 等人以 Mo-Ni$_2$S$_3$/NF 纳米棒阵列为支架,原位生长超薄 NiFe LDH 纳米片(Mo-Ni$_2$S$_3$@NiFe LDH),合成了一种新型 3D 牡丹花形电催化剂 [24]。很明显,超薄的 NiFe-LDH 纳米片被均匀地电沉积在纳米棒表面,构建了新颖的三维多孔牡丹花状结构。进一步观察发现,厚度约为 15 nm 的超薄镍铁 LDH 纳米片紧密地聚集在一起形成粗糙的表面。Mo-Ni$_3$S$_2$@NiFe LDH 的三维结构被称为铁树开花,它不仅为活性组分和电子输运提供了丰富的途径,而且有利于气泡扩散和暴露更容易进入活性位点。图 1-3 清楚地显示,所制备的 Mo-Ni$_3$S$_2$@NiFe LDH 呈现出牡丹花状结构,由大量高度褶皱的 NiFe LDH 纳米片组成,交联纳米片均匀覆盖在 Mo-Ni$_3$S$_2$/NF 衬底上。

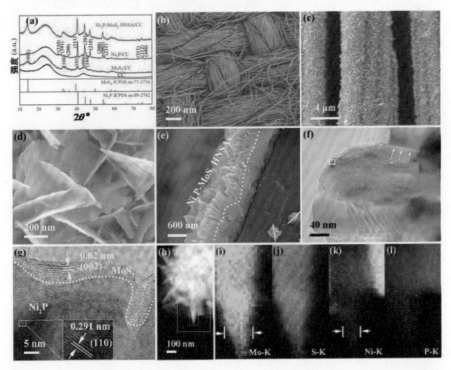

图 1-2　(a)Ni$_2$P–MoS$_2$ HNSAs/CC 的 X 射线粉末衍射谱图;(b ~ d)扫描电子显微镜图像;(e)横切面的扫描电子显微镜图像;(f)透射电子显微镜图像(取自文献 [23])

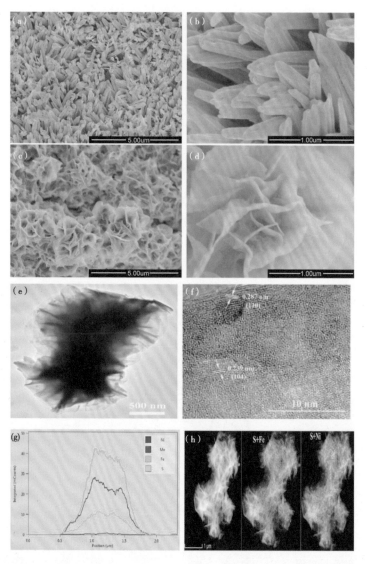

图 1.3 （a，b）Mo-Ni$_3$S$_2$ 和（c，d）Mo-Ni$_3$S$_2$@NiFe LDH 不同放大倍数下的扫描电子显微镜图像（取自文献 [24] ）

1.3.1.2 构建多孔结构

提高多相催化剂性能的一种传统而有效的方法是通过在催化剂中形成多孔结构来增加其比表面积。为了使暴露的活性位点数量最大化，人们积极追求具有纳米孔结构的催化材料。多孔结构除了具有较大的表面积外，还可能为催化剂提供其他优势，如使其与反应物有更大的接触面积以及使反应物和产物得到充分运输等。Jaramillo 等人通过在硅模板上电沉积 Mo,然后用 H_2S 硫化,成功合成了具有纳米孔(3 nm)的高有序双陀螺体 MoS_2 连续网络[25]。在蚀刻硅胶模板后,他们得到了富含介孔的二硫化钼薄膜。Peng 和他的同事通过无模板水热反应成功合成了用于整体水分解的双功能电催化剂 $NiCo_2O_4$ 多孔纳米管[26]。由于多孔纳米管的结构和无模板的方法,$NiCo_2O_4$ 多孔纳米管具有优越的低电荷转移电阻和更多暴露的活性位点。具有这些优点的 $NiCo_2O_4$ 多孔纳米管在驱动 $20\ mA \cdot cm^{-2}$ 的电流密度时只需要 1.63 V 的过电位,具有良好的电催化整体水分解性能。

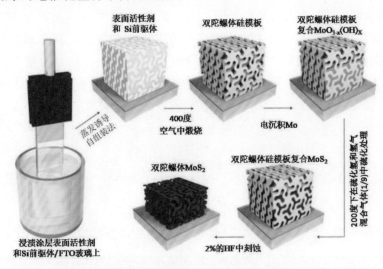

图 1-4 双陀螺体形貌的 MoS_2 的制备(取自文献 [25])

图 1-5 (a, b)$NiCo_2O_4$ 多孔纳米管前驱体的扫描电子显微镜图像和(c)超声处理 $NiCo_2O_4$ 前驱体的扫描电子显微镜图像;(d)$NiCo_2O_4$ 多孔纳米管(取自文献 [26])

1.3.1.3 耦合导电基底

催化剂的电子传递能力对其催化性能也有非常重要的影响。然而,大多数催化剂本身并没有很好的电导性。在催化剂中引入具有良好电导性的基底，可以提升催化电极的电导性、结构稳定性、比表面积，还可以与催化剂形成具有协同效应的界面，增强催化活性。Dai 等人提出了在石墨烯（也称为还原氧化石墨烯）上用溶剂热法合成二硫化钼纳米片[27]。由此得到的 MoS_2/石墨烯纳米复合材料具有极高的催化活性和耐久性。石墨烯有两种作用：电耦合和化学耦合。一方面，导电石墨烯网络提供了从电导性较差的二硫化钼纳米片到电极内部的电子传输通道。另一方面，二硫化钼与石墨烯之间强烈的化学相互作用使二硫化钼纳米颗粒的生长位点受限，没有聚集。Liu 等人通过化学沉淀法和水热法在碳纳米管上成功地生长了 $CuCo_2S_4$ 纳米片[28]。尖晶石立方结构中硫取代氧会产生与晶体结构无序性有关的材料缺陷。双金属硫化物可以提供更丰富的氧化还原反应，导致比组分硫化物具有更突出的催化活性。同时作为导电载体的碳纳米管，由于其具有表面积大、导电性好、稳定性好等特性，在作为理想载体方面发挥着重要作用。

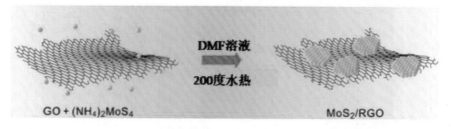

图 1-6　用氧化石墨烯薄片进行溶剂热合成，得到 MoS_2/RGO 混合材料（取自文献 [27]）

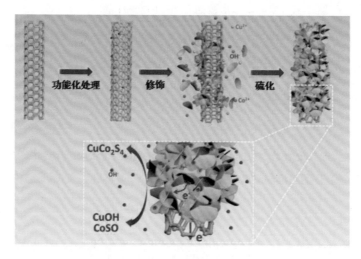

图 1-7　$CuCo_2S_4$/CNTs 分层复合材料的合成示意图（取自文献 [28]）

1.3.2 增强催化剂活性位点的本征活性

1.3.2.1 杂原子掺杂

掺杂是调节催化材料结构和活性的有效方法之一。在材料晶格中有意引入外来金属或非金属元素，为设计主体材料的电子和 / 或表面结构提供了机会，以提高其性能。富电子金属杂原子的引入可以增加电催化剂费米能级附近的态密度，促进界面处正负电荷的分离[29]。Chai 等人采用简单的方法制备了 Co-V 氧化氢氧化物前驱体，然后将其转化为含钒元素的磷化钴，如图 1-8 所示[30]。以 Co（OH）$_2$，Co-V 氧化氢氧化物和 CoP 为典型的对比样品，揭示了 V 掺杂对 CoP 催化活性的影响。在碱性电解液中对其进行了电化学测试，结果表明，其对 HER（过电位为 235 mV@10 mA·cm^{-2}）和 OER（过电位为 340 mV@10·mA·cm^{-2}）均有较好的电催化活性。Piao 等人提出了一种独特的芽状 Mo 掺杂 CoP 催化剂，直接生长在三维结构的镍泡沫上[31]。在合成过程中，直接生长在镍泡沫上的 Co（OH）$_2$纳米阵列尖端形成金属有机骨架（MOF）后，Mo 被选择性地掺杂在 CoP 的尖端部分。掺 Mo 处理赋予了 CoP 高亲水性，因此，CoP 在碱性电解液中表现出增强的电荷转移动力和气体释放能力，促进了 HER 和 OER 活性。在这里，导电镍泡沫作为支撑材料，不仅提高了催化剂的导电性，摆脱了黏合剂，而且增加了活性相的分散，使催化剂暴露并提供更多的活性位点。

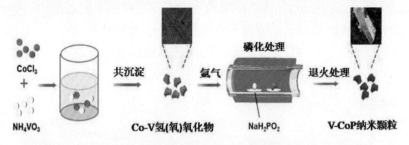

图 1-8　V 掺杂的 CoP 纳米粒子的合成路线示意图（取自文献 [30]）

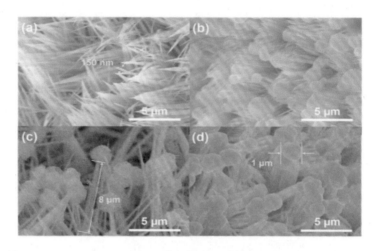

图 1-9 CH、CZ、CM 和 CP 的扫描电子显微镜图形（取自文献 [31]）

1.3.2.2 引入结构缺陷

在电催化剂的晶体结构中制造缺陷,从而调节不同材料的物理和化学性能,是提高电催化剂催化性能的有效途径。具体来说,金属化合物上的空位缺陷可以调节金属化合物原子的电子结构,从而调节中间体和反应物的能垒,进而有效地增强电荷转移。Ren 的小组设计了一种简单的还原策略来构建富磷空缺（Pv）的 CoP 纳米棒 [32]（如图 1-10 所示）。对于 OER,还原反应产生的 Pv 可以与氧结合生成磷酸盐（PO_4^{3-}、PO_3^- 和 P_2O_5）,可以实现更快的电子传递和更高的电化学性能。在 1 mol·L^{-1} KOH 中进行 OER 反应,驱动 10 mA·cm^{-2} 的电流密度仅需 297 mV 的过电位。Wang 和他的同事通过等离子刻蚀技术提高了具有纳米片结构的 Co_3O_4 粉末材料的催化性能 [33]（如图 1-11 所示）,等离子刻蚀的富氧空缺的 Co_3O_4 纳米片为 OER 提供了更多的活性缺陷,其活性比原始 Co_3O_4 高 10 倍。

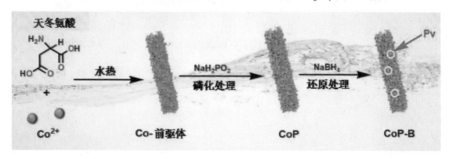

图 1-10 CoP-B 合成过程示意图和 P 空位在析氧反应中的重要作用（取自文献 [32]）

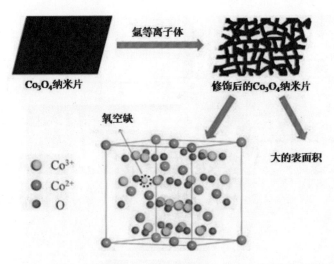

图 1-11　Ar 等离子体蚀刻使 Co_3O_4 带有氧空位和高比表面积（取自文献 [33]）

1.3.2.3 设计非晶态材料

研究发现，非晶态电催化剂在电催化水分解方面比晶态电催化剂有更多的优点，采用非晶态材料作为催化剂可以提高电催化水分解的性能。目前主流的研究主要集中在增强催化剂内在活性以提高催化效率。然而，这些催化剂绝大多数是基于晶体材料，而忽略了非晶体材料。其实，非晶体材料固有的无序性可以在松散结合的原子自由体积区中产生大量的断键和缺陷，进而有助于提高催化活性。此外，独特的结构和各向同性使得非晶体材料在酸性和碱性条件下均具有很强的耐腐蚀性，有助于形成高稳定的纳米催化剂。Huang 等人成功地制备了一种基于非晶态 $RuTe_2$ 多孔纳米棒（PNRs）的高活性电催化剂 [34]（如图 1-12 所示）。在电解水过程中，非晶态的 $RuTe_2$ PNRs 表现出优越的性能，仅需 1.52 V 的槽电压就能达到 10 mA·cm^{-2} 的电流密度。详细研究表明，高密度的缺陷与氧原子结合形成 RuO_xH_y，有利于 OER 的形成。Zhang 等人报道了一种配体诱导纳米材料非晶化的方法 [35]。该方法采用一种独特的硫醇分子（1,3,4-噻二唑-2,5-二硫醇），它可以诱导 Pd 纳米材料从面心立方相（fcc）转变为非晶相而不会破坏其结构完整性。这种配体交换方法也适用于具有不同形态和不同配体的其他 fcc Pd 纳米材料，与原始晶体相比，所得非晶态 Pd 纳米颗粒对 HER 电催化活性显着增强，且具有优异稳定性。

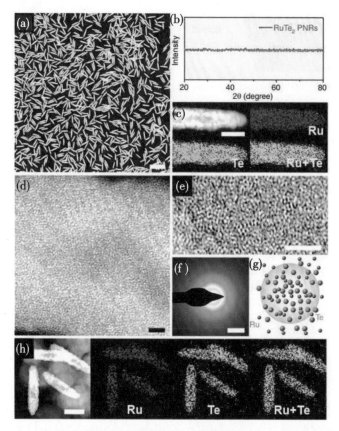

图 1-12 （a）高角度环形暗场扫描透射电子显微镜图像；（b）X 射线粉末衍射图像；（c）扫描透射电子显微镜图像和 RuTe₂ PNRs 的元素映射图像；（d）原子分辨率高角度环形暗场扫描透射电子显微镜图像，（e）高分辨率的透射电子显微镜图像；（f）选区电子衍射模式图；（g）结构模型；（h）扫描透射电子显微镜及相应的元素映射图像（取自文献 [34]）

1.3.3 设计热力学更易进行的阳极替代反应

1.3.3.1 肼氧化反应

肼（N_2H_4）因其高能量密度和更快的电氧化动力而成为一种很有前途的候选化合物[36-38]。碱性环境下，肼氧化反应（HzOR）可写为：$N_2H_4+4OH^- \longrightarrow N_2+ 4H_2O+4e^-$。该反应在较低的平衡电位（-0.33 V vs RHE）下即可发生[39-41]。而且，在 HzOR 过程中，只产生环保产物

H_2、N_2 和水，没有任何温室气体排放，生成的 H_2 和 N_2 比电解水过程生成 H_2 和 O_2 的爆炸性混合物更安全[42]。在这些优点的启发下，肼辅助的全解水被认为是一种很有前景的实现低功率输入制氢的策略。镍基材料是目前报道最多的肼辅助 HER 的双功能电催化剂。Sun 的团队首次在碱性溶液中应用 Ni_2P 纳米阵列催化 HER 和 HzOR，并表现出优异的催化活性和稳定性[43]。通过水热反应和退火，Ni_2P 纳米阵列在泡沫镍（Ni_2P/NF）上原位生长（图 1-14）。与泡沫镍（NF）和未磷化样品（Ni（OH）$_2$/NF）相比，Ni_2P/NF 对 HER 和 HzOR 的催化性能更好，在 $1.0 \text{ mol} \cdot L^{-1}$ KOH 和 $0.5 \text{ mol} \cdot L^{-1}$ 肼的溶液中，分别仅需 -290 mV 和 18 mV 的电位就可以产生 $200 \text{ mA} \cdot cm^{-2}$ 的电流密度。Wang 等人研究了 Cu 掺杂在镍基材料晶格中的作用，制备了具有良好 HzOR 和 HER 催化活性的双功能电催化剂[44]。如图 1-15 所示，他们通过简单的两步电沉积 - 脱合金策略，在镍泡沫材料上制备了一种铜掺杂的镍合金，Ni（Cu）/NF。SEM 图像呈现出复杂的多层形貌，泡沫镍上生长着密集的纳米管。这种结构提供了广阔的开放空间、超大的表面积和丰富的活性位点，此外，Ni 和 Cu 的协同效应有效提高了 Ni（Cu）/NF 的催化性能。

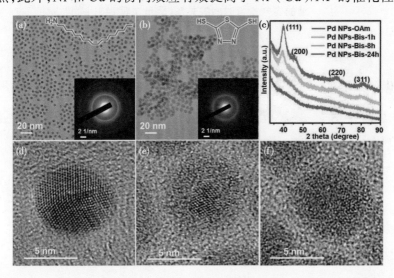

图 1-13　（a）Pd NPs-OAm 的透射电子显微镜图像；（b）Pd NPs-Bis-24 h 的透射电子显微镜 M 图像；（c）配体交换 1 h、8 h 和 24 h 后 Pd NPs-OAm 和 Pd NPs-Bis 的 X 射线粉末衍射谱图；（d）典型 Pd NP-OAm；（e）Pd NP-Bis-1h；（f）Pd NP-Bis-24 h 的高分辨率透射电子显微镜图像（取自文献 [35]）

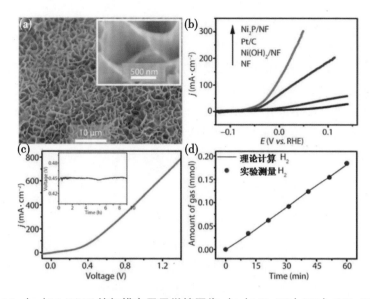

图 1-14 （a）Ni₂P/NF 的扫描电子显微镜图像；（b）NF、Ni（OH）₂/NF、Ni₂P/NF 和 Pt/C 在 0.5 mol·L⁻¹ 肼中的极化曲线；（c）Ni₂P/NF 用于双电极下电解的极化曲线（插图：100 mA·cm⁻² 下的恒电流稳定性）；（d）Ni₂P/NF 理论计算和实验测量的氢气量与时间的关系（取自文献 [43]）

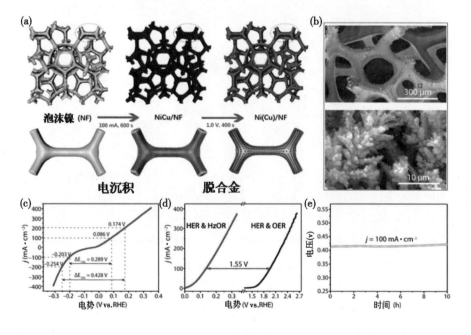

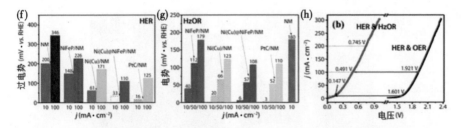

图 1-15　（a）电沉积和脱合金制备多孔 Ni（Cu）/NF 复合材料的工艺示意图；（b）Ni（Cu）/NF 的扫描电子显微镜图像；（c）Ni（Cu）/NF 在三电极体系中的析氢反应和水合肼氧化性能；（d）Ni（Cu）/NF‖Ni（Cu）/NF 在肼水电解槽与水电解槽中的槽电压比较；（d）Ni（Cu）/NF‖Ni（Cu）/NF 的稳定性测试（取自文献 [44]）

1.3.3.2 尿素氧化反应

尿素氧化反应（UOR）是决定现代尿素能源转换技术的基础反应。这些技术包括用于制氢的电催化和光电化学尿素裂解以及作为动力发动机的直接尿素燃料电池。尿素具有丰富的自然资源来源和良好的工业化生产前景，成本合理。此外，尿素是一种常见的生物废物和环境污染物。在这种情况下，尿液和被污染的水可以被视为天然的电解液。与电解水的情况类似，电解尿素也是通过对水性电解液施加电流，在阴极侧发生 HER 产生 H_2。然而，主要的区别是在水性电解液中加入尿素，因此在阳极侧发生的是 UOR 而不是 OER。在碱性介质中，UOR是按照如下化学反应方程式进行的：$CO(NH_2)_2 + 6OH^- \longrightarrow N_2 + 5H_2O + CO_2 + 6e^-$。从理论上讲，尿素分解反应只需要 0.37 V 的理论电池电压就可以促进反应发生，远低于水分解所需的 1.23 V。Liu 等人报道了在碳布制备 Ni_2P 纳米片阵列（Ni_2P NF/ CC）[45]，其形貌和元素分布如图 1-16 所示，在 1 mol·L^{-1} KOH 和 0.5 mol·L^{-1} 尿素电解液中，催化剂的电池电压为 1.35 V，便产生了 50 mA·cm^{-2} 的电流密度，在 8 h 的稳定性运行中电池电压仅提高了 2.3%。Li 等人设计的 CoS_2/MoS_2 肖特基催化剂也是一个典型的例子[46]。从催化剂的命名法可以看出，这项工作的亮点是在 CoS_2/MoS_2 之间构建了肖特基异质结，它的存在促进了局部亲电和亲核活性位点的形成，从而增强了尿素分子的吸附和分解。由于肖特基异质结的存在，该催化剂明显提高了 UOR 性能（如图 1-17 所示）。它还展示了 1.29 V 的电池电压即可驱动 10 mA·cm^{-2} 的电流密度以及电解槽在该条件下 60 h 的稳定运行。

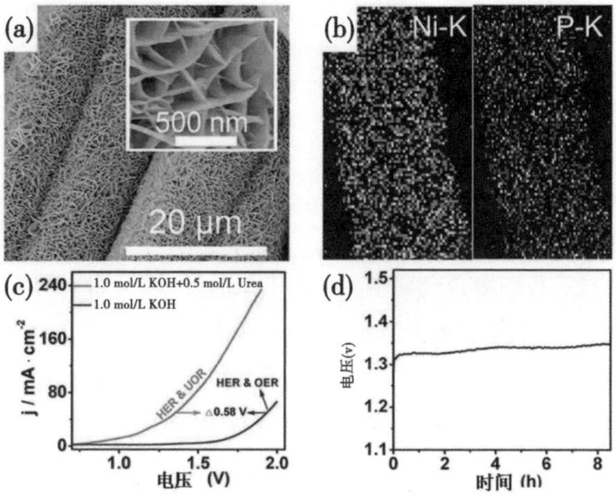

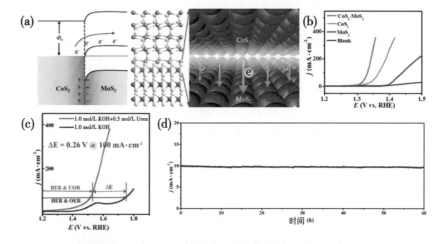

图 1-16 （a）不同放大倍数下的扫描电子显微镜图像；（b）元素映射图像，显示 Ni 和 P 元素均匀分布；（c）在 1 mol·L^{-1} KOH 溶液中，添加 0.5 mol·L^{-1} 尿素和不添加 0.5 mol·L^{-1} 尿素时，电解尿素（绿色）和电解水（红色）的极化曲线比较；（d）在恒电流密度 45 mA·cm^{-2} 下 8 h 的稳定性曲线（取自文献 [45]）

图 1-17 （a）CoS$_2$ 和 MoS$_2$ 在肖特基异质结和界面电子转移影响下的能带图；（b）尿素氧化反应的极化曲线比较；（c）在含和不含 0.5 mol·L^{-1} 尿素的 1 mol·L^{-1} KOH 电解液中相应的的极化曲线；（d）槽电压为 1.29 V 时 60 h 的时安曲线（取自文献 [46]）

1.4　过渡金属基电催化材料研究现状

　　电解水制氢被认为是未来实现可持续能源储存和利用最具前景的途径之一。然而,该技术大规模应用的关键是开发高效、低成本的电催化剂来取代贵金属基催化剂。到目前为止,科学研究人员已经开发了一系列过渡金属基的阳极或阴极甚至双功能电催化剂用于高效的水分解。

1.4.1 普鲁士蓝类似物

　　由于普鲁士蓝类似物(PBAs)具有开放的框架结构、大的比表面积、可调节的金属位点和均匀的催化中心,所以它在电催化分解水方面有广阔的应用前景[47-49]。Galán-Mascarós 和同事报道了一种使用化学蚀刻的方法来制备的 Co-Fe PBA 薄膜[49]。如图 1-18 所示,Co(OH)$_{1.0}$(CO$_3$)$_{0.5}$·nH$_2$O 首先通过简单的水热法在 FTO 导电基底上生长。然后用 K$_3$[Fe(CN)$_6$] 在 FTO 上化学蚀刻 Co(OH)$_{1.0}$(CO$_3$)$_{0.5}$·nH$_2$O,得到具有电化学活性的 Co-Fe PBA 薄膜。Co(OH)$_{1.0}$(CO$_3$)$_{0.5}$·nH$_2$O 在蚀刻过程中作为自牺牲模板提供钴离子,释放的钴离子立即与过量的铁氰根离子共沉积,得到了形貌良好的立方体 CoFe PBA。在此基础上,Guo 等人提出了一种用低温空气等离子体激活 CoFe PBA 金属位点的方法[50],经过处理的 CoFe PBA 仅需要 274 mV 的低过电位就能在 1.0 mol·L^{-1} KOH 电解液中产生 10 mA·cm^{-2} 的 OER 电流密度,远低于未经处理的 OER(334 mV)。电催化活性的增强归因于两个因素:一是空气等离子体处理后,活性氧物质能激活 CoFe PBA 中的 Co 位点,促使 Co(Ⅱ)氧化态几乎完全转化为 Co(Ⅲ);二是活性氧物质的引入可以进一步调节钴位点的氧化还原性质。

图 1–18　$K_3[Fe(CN)_6]$ 蚀刻后 $Co(OH)_{1.0}(CO_3)_{0.5} \cdot nH_2O$ 的场发射扫描电子显微镜图像（a）0；（b）0.5；（c）1.0；（d）1.5；（e）2.0 和（f）3.0 h（取自文献 [49]）

1.4.2 过渡金属氧化物类化合物

$NiCo_2O_4$、$FeCo_2O_4$ 和 $CoMn_2O_4$ 等具有尖晶石结构的混合价过渡金属氧化物，由于氧化态多样、电导率高、结构耐久性好，被发现具有较高的电催化活性 [51-53]。Gao 等人开发了一种可扩展的自底向上制备方法，在泡沫铜（CF）上制备混合金属氧化物催化剂 [54]，如图 1-19 所示。他们用钴氧化物、钨氧化物和铜氧化物构建了一种混合金属氧化物复合材料，Co：W：Cu 原子比为 1：1.5：8 的复合催化剂在 0.1 mol·L^{-1} KOH 的电解液中表现出显著的 OER 和 HER 活性，法拉第效率分别为 100% 和 98%。Xu 等人成功地将 $NiFe_2O_4$ 纳米粒子垂直固定在碳纳米管（VACNT）[55]，$NiFe_2O_4$ / VACNT 在碱性电解液中表现出优异的 OER 和 HER 性能。在 HER 和 OER 过程中驱动 10 mA·cm^{-2} 的电流密度仅需要 150 mV 和 240 mV 的过电势。

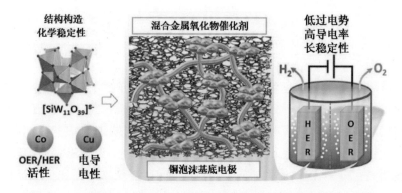

图 1-19　材料设计和制备混合金属氧化物催化剂的说明（取自文献 [54]）

1.4.3 过渡金属磷化物类化合物

过渡金属磷化物（TMPs）由于具有丰富的化学态以及类似零价金属的特性，是电化学水分解的另一类有吸引力的催化剂[56-58]。Wang 等人通过简单的化学沉积和快速脱合金的方法在 NF 上合成了纳米多孔非晶 Ni-Fe-P 阵列（图 1-20）[59]，作为整体水分解的双功能催化剂。在 1.5 mol·L^{-1} HCl 溶液中浸泡 30 s 制备的 Ni-Fe-P/NF$_{30}$ 在电流密度为 10 mA·cm^{-2} 的情况下，其 HER 的过电位仅为 72 mV，OER 的过电位为 229 mV，具有良好的电催化性能，这得益于其结构多孔、结晶度低和镍与铁之间的协同效应。Jiao 等人利用一种简单的低温磷化方法，在 NF 上成功制备了二元金属 Co-Ni 磷化物，用于水的电催化分解[60]。制备的 Co$_{0.5}$Ni$_{0.5}$P/NC/NF 在碱性条件下表现出良好的催化性能，HER 过程中过电位达到 90.0 mV 便可以产生 10 mA·cm^{-2} 的电流密度，接近 Pt/C/NF，OER 过程中过电位为 1.56 V 便可以达到 50·mA·cm^{-2} 的电流密度，超过 RuO$_2$。

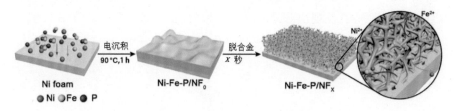

图 1-20　纳米多孔 Ni-Fe-P/NF$_x$ 的合成过程（x 表示脱合金时间）（取自文献 [59]）

1.4.4 目前面临的问题

虽然电解水技术已经取得了很大的进展，但依然无法满足大规模工业化的需求，所以在合成路线设计和催化材料结构优化等方面还需要进一步的探索，以开发更具活性和稳定性的廉价电催化剂。据我们所知，普鲁士蓝类似物（PBAs）近年来在电解水过程中作为 OER 的催化材料崭露头角。尽管 PBAs 具有公认的比表面积大、孔隙率高和金属活性位点可调等独特优势，然而，其固有的电导性差和相对较少的活性位点限制了其直接用作 OER 的电催化剂。有一种思路是将其转化为相应的氧化物、硫化物、磷化物等衍生物以提高其导电性和本征电催化活性，但这无疑增加了合成的复杂性和成本。所以如何进一步优化 PBAs 的催化活性，使其直接用于高效的电解水过程，依然是目前的研究热点之一。此外，钴基氮化物、硒化物、合金等都表现出对 HzOR 良好的催化活性，是肼辅助制氢非常有潜力的电催化材料。然而关于其氧化物、磷化物在肼辅助制氢中的研究较少，且反应机理也尚不明确。

第 2 章　实验部分

2.1　实验试剂

实验所需的试剂材料、浓度及生产公司见表 2-1。

表 2-1　实验试剂材料、纯度及生产公司

试剂 / 材料	纯度	生产公司
泡沫钴	1 mm	昆山嘉亿盛电子有限公司
泡沫镍	1 mm	昆山嘉亿盛电子有限公司
盐酸	AR	阿拉丁试剂
丙酮	AR	阿拉丁试剂
水合肼	80 wt%	阿拉丁试剂
六水硝酸钴	AR	阿拉丁试剂
RuO_2	AR	阿拉丁试剂
次亚磷酸钠	AR	天津市致远化学试剂有限公司
无水乙醇	AR	天津市大茂化学试剂厂
氢氧化钾	AR	国药集团化学试剂有限公司
铁氰化钾	AR	国药集团化学试剂有限公司
尿素	AR	国药集团化学试剂有限公司
六水氯化镍	AR	国药集团化学试剂有限公司
柠檬酸钠	AR	国药集团化学试剂有限公司
去离子水	AR	Millipore system

续表

试剂 / 材料	纯度	生产公司
Pt/C	20%	上海麦克林生化科技有限公司
Nafion（5%）	D-521	上海麦克林生化科技有限公司
氮气	99.999%	山西凯旋科技有限公司
氩气	99.999%	山西凯旋科技有限公司

2.2　实验仪器

实验所需仪器、规格型号及生产厂家见表 2-2。

表 2-2　实验仪器、规格型号及生产厂家

仪器名称	规格型号	生产厂家
扫描电子显微镜	Hitachi S-4800	日本日立
透射电子显微镜	JEOL JEM 2100F	日本电子株式会社
X 射线光电子能谱仪	ESCALAB250	赛默飞世尔
粉末 X 射线衍射仪	Bruker Eco D8	布鲁克
拉曼光谱仪	LabRaHR Evolution	美国 Horiba Jobin Yvon Inc.
电子天平	ME203E/1mg	梅特勒托利多上海有限公司
超声波清洗器	KQ3200DB（6L）	昆山市舒美仪器有限公司
不锈钢反应釜	50mL	西安常仪仪器设备有限公司
鼓风干燥箱	DHG-9035A	上海齐欣科学仪器有限公司
真空干燥箱	DZF-6020AB	上海新力辰科技有限公司
双温区管式炉	OTF-1200X-II	合肥科晶材料技术有限公司
电化学工作站	CHI 760E	上海辰华仪器有限公司
参比电极	汞 / 氧化汞	上海辰华仪器有限公司
对电极	石墨棒	上海辰华仪器有限公司
玻碳电极	直径 3mm	上海辰华仪器有限公司

大型表征设备均由分析测试中心等学校机构提供。

2.3　结构表征及电化学测试

2.3.1 结构表征

2.3.1.1 SEM 和 TEM 表征

采用场发射扫描电子显微镜（FE-SEM，Hitachi，S-4800）、高分辨率透射电子显微镜（HR-TEM，JEM-2100，200 kV）和相应的区域电子衍射仪（SU8010）对样品的表面形貌进行观察。SEM 测试前，先从样品上剪下有代表性的小块样品，用导电胶贴在铜平台上，从样品的四角压下，使得表面平整，最后喷金处理。TEM 检测前，从样品表面轻轻刮取少量有代表性的样品，分散于 0.5 mL 乙醇溶液中，超声处理 20 min 使其成为近澄清的均匀分散液，滴入铜网后经红外灯烘干，然后进样拍摄。

2.3.1.2 XPS 表征

用 X 射线光电子能谱（XPS，ESCALAB250）对样品的表面组成和价态进行了表征。其 X 射线源为 Al。XPS 光谱分析所得的结合能通过与标准 C 1 s 284.6 eV 进行了矫正。

2.1.1.3 XRD 表征

采用 X 射线衍射仪（XRD，Bruker D8-Advance）对晶体结构进行了表征，该仪器配备了 Cu $K\alpha$ 辐射源（λ =1.541 8 Å）。二倍角的选取范围为 5° ~ 80°，测试速率为 20° /min。在测试前，将材料从合成的样品中切下 1 cm² 左右的小片，然后按压平整，以确保测试样品的均匀性。

2.1.1.4 Raman 表征

采用 532 nm 激光激发的 LabRaHR Evolution 拉曼光谱进行了拉曼表征。测试时每个样品选取 2 ~ 4 个不同的位置进行测试，以获得最佳的拉曼峰谱，同时消除拉曼仪的偶然误差。

2.3.2 电化学测试

所有的电化学数据测试均由传统的三电极系统的电化学工作站（CHI 760E，CH Instruments，China）获得。制备的样品作为工作电极，氧化汞电极（Hg/HgO）为参比电极，碳棒（直径 4 mm）为对电极。用线性扫描伏安法（LSV）在扫描速率为 $1\ mV \cdot s^{-1}$ 的条件下得到了极化曲线。当工作电极的信号经过多次扫描稳定后，采集数据。进行 HER、OER 和 HzOR 测试时，循环伏安法（CV）测量电位范围分别为 $-1.5 \sim -1\ V$（vs.Hg/HgO），$0 \sim 1\ V$（vs. Hg/HgO），$-1.6 \sim -0.6\ V$（vs. Hg/HgO），扫描速率为 $5\ mV \cdot s^{-1}$。在 $100\ KHz \sim 1\ Hz$ 的频率范围内进行了电化学阻抗谱（EIS）实验，幅值电位为 5 mV。在一定电位下，采用计时安培法（$j\text{-}t$）进行稳定性试验。本中报道的关于 Hg/HgO 的所有电位都根据下列公式转化为可逆氢电极（RHE）：$E（RHE）= E（vs. Hg/HgO）+0.059 \times pH+0.098$。通过电流密度和溶液电阻进行手动 IR 补偿来校正上述所有测量值。

第 3 章　非晶态 NiFe 普鲁士蓝类似物用于高效析氧反应

3.1 引　言

　　电催化水分解（EWS）被广泛认为是解决全球能源危机和相关环境问题的一种有前景的制氢策略[61-63]。然而，EWS 受阴极析氢反应（HER）和阳极析氧反应（OER）两个半反应的严重制约[64,20]。特别是动力学迟缓的 OER 涉及复杂的多电子转移过程，需要较高的电位才能加速反应，被认为是 EWS 的瓶颈，降低了整个反应的效率[65,66]。众所周知，作为 OER 催化剂基准的钌基和铱基金属氧化物，由于其成本高、丰度低，不适合大规模商业化应用[67,68]。因此，需要合成高效、低成本、地球资源丰富、且兼具一定 OER 能力的替代品。在过去的几十年中，许多研究工作一直在关注过渡金属氧化物[69]、氮化物[70]、磷化物[71]和硫化物[72]，以及利用金属有机框架（MOF）为前驱体合成的衍生化合物[73,74]。近年来，除储氢[79]、传感器[80]、可充电电池[81]外，钙钛矿型 MOF 材料普鲁士蓝类似物（PBAs）也在 EWS 过程中作为 OER 的催化材料崭露头角[75-78]。

　　PBAs 大致用通用公式 $A_xM[M'（CN）_6]_y \cdot zH_2O$ 来描述，其中 A 为碱金属，M 和 M' 为过渡金属[82,83]。N- 配位的 M 与 C- 配位的 M' 通过氰化物桥接形成开放的面心立方框架结构，这使得 PBAs 具有比表面积大、孔隙率高和金属活性位点可调等独特优势[84]。然而，其固有的电导性差和相对较少的活性位点限制了其直接作为 OER 的电催化剂。

通常,科研人员使用化学方法将其转化为相应的氧化物[85,86]、硫化物[87,88]、磷化物[89,90]以提高其导电性和本征电催化活性,但这无疑增加了合成的成本和复杂性,并不可避免地对PBAs的框架结构造成破坏。

通常,有两种有效的策略被用来克服这些缺点。第一种策略是在导电基底上原位生长PBAs,这些基底比如有F掺杂的氧化锡(FTO)玻璃[75,91]、碳布[92]、镍泡沫[93,94]等等,基底的高导电性有助于电荷/物质的快速传输。此外,导电基底可以防止催化剂团聚,使PBAs具有较高的稳定性,并与PBAs产生协同作用进而提升电催化性能。例如,Song等人以碳酸氢钴为模板,在碳布上制备了自支撑的PBAs,其表现出优异的OER活性和稳定性[92]。Zhang的研究小组以Ni(OH)$_2$纳米片为模板,在镍泡沫上构建了NiCo-PBAs纳米片,其OER和HER活性较Ni(OH)$_2$前驱体显著增强[94]。第二种方法是直接制备低结晶度或无结晶度的PBAs。诱使具有良好晶体结构的PBAs转变为弱结晶或非结晶结构是一种很有吸引力的尝试,这将显著增强PBAs的催化活性[77,95]。例如,Aksoy等人利用五氰基金属聚合物作为前驱体合成了具有更多表面活性位点的非晶态CoFe-PBAs,在高电流密度下表现出更强的催化活性[95]。Su等人发现液相法合成的NiFe-PBAs经过电化学活化过程后完全转化为非晶态氢氧化镍[77],进而提高了OER的电催化效率。电催化性能明显改善的原因是,非晶态PBA具有比晶态PBA更大的电化学活性面积(ECSA)、更多的缺陷、更高的结构柔韧性和更高的耐腐蚀性[96,97]。

尽管PBAs衍生的电催化剂已受到广泛的关注,但由于其催化活性有限,直接使用PBAs作为电催化剂的报道很少。考虑到上面提到的问题,本书提出了一种新的方法:通过一步水热反应及随后的酸蚀刻和电化学活化过程,在镍泡沫表面原位合成非晶态铁氰化镍(Ni$_3$[Fe(CN)$_6$]$_2$)(记为a-NiHCF),将其作为OER电催化剂。原位生长在镍泡沫上的多组分前驱体(记为NiHCF前驱体)在盐酸溶液中浸泡一定时间,可以去除Fe$_2$O$_3$纳米线副产物。经过电化学处理后,晶态铁氰化镍(NiHCF)微长方体完全转变为非晶态NiHCF涂层。我们通过一系列的实验来探索这种转变。研究发现,由于a-NiHCF具有较高的电导性、较多的表面活性位点、较高的阳离子氧化态以及较高的本征活性等优点,因而具有良好的OER性能。在大电流密度下具有超低过电位和优异的稳定性。

3.2　催化电极的制备

3.2.1 NiHCF 前驱体催化剂的制备

首先,用丙酮、3MHCl 和去离子水依次清洗一块 NF（3 cm×2 cm）。然后,将 5 mmol 铁氰化钾和 24 mmol 尿素混合到 35 mL 去离子水中。搅拌后,形成透明的黄绿色溶液。接下来,将溶液和上面清洗过的 NF 一起转移到 50 mL 的高压反应釜中,并在 180 ℃下保持 10 h。当反应釜自然冷却后,用去离子水和乙醇冲洗多次,并在 60 ℃烘干 12 h。最终得到了 NiHCF 前驱体催化剂。此外,为了探索铁氰化钾和尿素的最佳用量对催化性能的影响,还采用相同的工艺制备了由尿素控制的 NiHCF 前驱体和由铁氰化钾控制的 NiHCF 前驱体。5 mmol 铁氰化钾加 0 mmol 尿素和 0 mmol 铁氰化钾加 24 mmol 尿素以同样方式合成的水热产物分别命名为 $K_3Fe（CN）_6$ + NF 和 urea+ NF。

3.2.2 e-NiHCF 和 a-NiHCF 催化剂的制备

随后,将 NiHCF 前驱体催化剂在 1 mol·L^{-1} HCl 中浸泡 2 h,去除催化剂表面的 Fe_2O_3 副产物,因为其 OER 催化活性较差。所得样品经去离子水和乙醇反复洗涤,60 ℃烘干 12 h 后命名为 e-NiHCF 催化剂。由于镍泡沫基底上的镍参与了生成 NiFe PBA 的反应,因此很难通过反应前后镍泡沫的重量差来精确计算质量负载。但是,根据蚀刻后的重量差可以粗略估计出负载量约为 4.9 mg·cm^{-2}。在 OER 测试之前,e-NiHCF 样品采用 100 次 CV 循环激活。激活产物表示为 a-NiHCF 催化剂。

3.2.3 NiHCF + NF 催化剂的制备

为了评价在 NF 基底上原位生长对电催化活性的影响,还使用共沉淀法制备了 NiHCF 粉末样品（表示为 NiHCF + NF）作为对比样品。具体的合成过程为:将 143 mg 六水合氯化镍和 265 mg 柠檬酸钠溶于 20 mL

去离子水中形成溶液 A,将 132 mg 铁氰化钾溶于 20 mL 去离子水,形成 B 溶液。然后,将溶液 A 和溶液 B 在磁搅拌下混合 1 min。然后,将得到的混合物在室温下陈化 12 h。离心后,用水、乙醇洗涤,60℃烘干 12 h。制备催化剂悬浮液,将 1 mg 催化剂分散于 100 μL 的含 99 μL 无水乙醇和 1 μL 5 wt % Nafion 溶液中,超声处理 30 min。然后将 98 μL 的悬浮液滴入几何表面积为 0.2 cm² 的泡沫镍上自然干燥。最终使 NiHCF+NF 催化剂的负载量为 4.9 mg·cm⁻²。同样,还进行了负载量为 1.9、3.9、5.9、7.9 mg·cm⁻² 的 NiHCF + NF 对比实验。

3.2.4 RuO_2/NF 催化剂的制备

简单地说,20 mg RuO_2 和 10 μL 5 wt % Nafion 溶液分散在 990 μL 无水乙醇中,超声作用 20 min 形成催化剂墨水。将 49 μL 催化剂油墨滴入几何表面积为 0.2 cm² 的 NF 上,自然干燥。最终实现了 RuO_2/NF 催化剂的合成。负载量为 4.9 mg·cm⁻²。同时,还进行了负载量为 1.9、3.9、5.9、7.9 mg·cm⁻² 的 RuO_2/NF 对比实验。

3.3 实验结果与讨论

a-NiHCF 的制备过程如图 3-1 所示,主要包括三个步骤。首先,通过水热反应在泡沫镍上形成了多组分 NiHCF 前驱体,NF 与去离子水热解释放的溶解氧发生反应,在 NF 表面形成 Ni(OH)₂ 层,反应方程为 $2Ni + O_2+ 2H_2O \longrightarrow 2Ni(OH)_2$[98]。Ni(OH)₂ 层可以释放 Ni^{2+} 到溶液中:$Ni(OH)_2 \longrightarrow Ni^{2+} + 2OH^-$。随后,在 $K_3Fe(CN)_6$ 溶液中,Ni^{2+} 与 $Fe(CN)_6^{3-}$ 反应,在 NF 上形成 NiHCF 微立方体:$3Ni^{2+} + 2Fe(CN)_6^{3-} \longrightarrow Ni_3[Fe(CN)_6]_2$。同时,一小部分 NiHCF 在高温条件下容易分解成 Fe_2O_3 纳米线副产物[90],从而形成 NiHCF 微长方体与 Fe_2O_3 纳米线的混合物。随后,通过盐酸蚀刻去除对 OER 催化活性较差的 Fe_2O_3 纳米线[99-102]。蚀刻后得到的产物被标记为 e-NiHCF。电化学活化约 100 CV 后,得到 a-NiHCF。

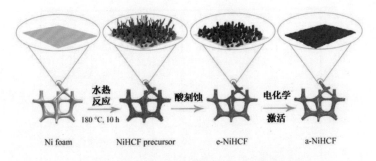

图 3-1　a-NiHCF 催化剂合成过程示意图

通过 NiHCF 前驱体、e-NiHCF 和 a-NiHCF 的 XRD 谱图来表征其晶体结构，如图 3-2 所示。图中蓝线所示的 NiHCF 前驱体的衍射峰，显示了在 NF 基底上原位生长的 NiHCF 和 Fe_2O_3。在 17.3°、24.5°、35.0°、39.3°、43.3°、52.9°、56.8° 和 68.6° 处的一系列衍射峰分别与 NiHCF 的（200）、（220）、（400）、（420）、（422）、（531）、（620）和（642）晶面相对应。24.3°、33.4°、35.8°、41.1°、49.7°、54.4°、62.8° 和 64.4° 的峰与 Fe_2O_3 晶体的（012）、（104）、（110）、（113）、（024）、（116）、（214）和（300）晶面与相对应。其余在 44.5°、51.8° 和 76.3° 处的衍射峰归因于 NF 基底的（111）、（200）和（220）面。显然，在 1 mol·L^{-1} HCl 中蚀刻 2 h 后，Fe_2O_3 的弱衍射峰与 NiHCF 和 NF 的主要衍射峰共存。为了保证足够的蚀刻，图 3.3 中还展示了经过 3 mol·L^{-1} HCl 化学蚀刻 16 h 后的样品的 XRD，与 1 mol·L^{-1} HCl 化学蚀刻 2 h 后的样品没有明显差异。而经过进一步的电化学活化后（a-NiHCF），NiHCF 的衍射峰几乎消失，如图红线所示，表明获得的样品为非晶态。此外，还详细比较了不同用量 $K_3[Fe（CN）_6]$ 和尿素在水热反应中合成的 NiHCF 前驱体的 XRD 谱图 [图 3-4，图 3-5（a）]。为了进一步证实晶体 e-NiHCF 的制备和非晶态结构的转变，还进行了拉曼光谱测量。从图 3-6 中可以看出，这些特征峰分别位于 2 086 cm^{-1}，2 120 cm^{-1} 和 2 143 cm^{-1}，可以认为是 e-NiHCF 的 C=N^{-1} 伸缩振动 [103-105]。这与 a-NiHCF 几乎相同，说明在激活过程中没有形成新的键 [106]。

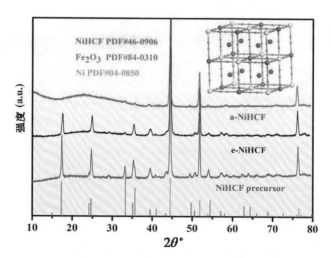

图 3-2　NiHCF 前驱体、e–NiHCF 和 a–NiHCF 的 X 射线粉末衍射谱

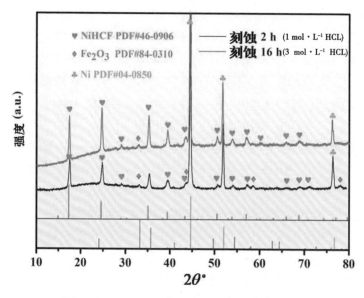

图 3-3　NiHCF 前驱体在 1 mol·L⁻¹ HCl 中化学腐蚀 2 h 和 3 mol·L⁻¹ HCl 中腐蚀

16 h 后的 X 射线粉末衍射谱图

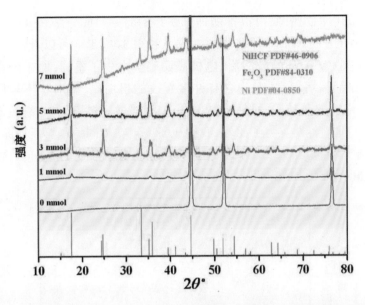

图 3-4　水热反应中 K₃[Fe（CN）₆] 不同用量下产物的 X 射线粉末衍射谱图

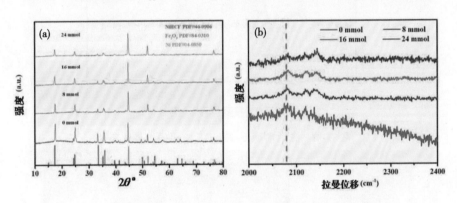

图 3-5　（a）不同尿素用量下水热反应产物的 X 射线粉末衍射谱图；（b）对应的
拉曼光谱

　　通过 SEM 观察 NiHCF 前驱体、e-NiHCF 和 a-NiHCF 的形貌，如
图 3-7 所示。如图 3-7（a）和图 3-7（b）所示，对于 NiHCF 前驱体，
NF 表面完全被大量长 1～10 μm、宽 2～8 μm 左右的不规则微长方
体和稀疏的长 5～10 μm、直径 200 nm 左右的纳米线所覆盖。对于
e-NiHCF，经过 HCl 蚀刻，可以发现图 3-7（c）中原本致密的表面变得
疏松多孔，有利于暴露更多的表面积。同时，表面纳米线几乎全部被去
除，微长方体形貌占主导地位，如图 3-7（d）所示。由此，结合上述 HCl

蚀刻后的 XRD 谱图,可以推测纳米线结构的主要成分是 Fe_2O_3。最后,从 a-NiHCF 的 SEM 图像 [图 3-7（e）和图 3-7（f）] 可以看出,大约经历 100 次 CV 循环的激活后,电极表面确实发生了重构,原来的微长方体全部断裂、坍塌,转变为含有许多裂纹的粗糙层,由形状不规则的小颗粒组成。这种特殊的形貌可以使电解液扩散到电极下方,缩短离子扩散路径,促进传质。为了比较,我们还研究了在相同的水热反应条件下,通过调节不同 $K_3[Fe（CN）_6]$ 和尿素的用量分别获得的 NiHCF 前驱体的 SEM 图像(图 3-8 ~ 图 3-10)。

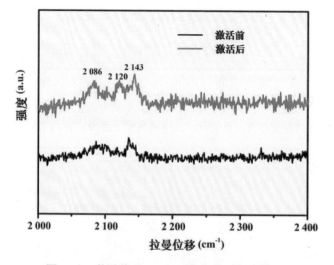

图 3-6　激活前后 e-NiHCF 电极的拉曼位移

图 3-7　扫描电子显微镜图像（a ~ b）NiHCF 前驱体;（c ~ d）e-NiHCF; 和
（e ~ f）a ~ NiHCF

图 3-8 （a ~ b）0 mmol，（c ~ d）1 mmol，（e ~ f）3 mmol，（g ~ h）5 mmol，（i ~ j）7 mmol 的 K₃[Fe（CN）₆] 添加量下水热反应产物的扫描电子显微镜图像

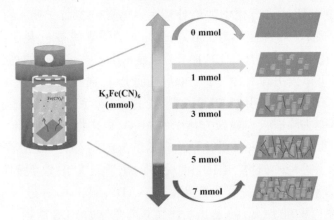

图 3-9　K₃[Fe（CN）₆] 对水热合成 NiHCF 前驱体最终产物的调控作用示意图

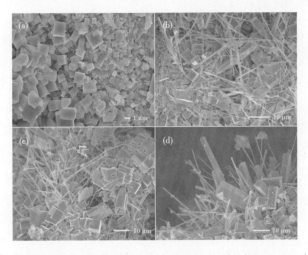

图 3-10 （a）0 mmol，（b）8 mmol，（c）16 mmol，（d）24 mmol 的 urea 添加
量下水热反应产物的扫描电子显微镜图像

NiHCF 前驱体和 a-NiHCF 的 TEM 和 HRTEM 图像以及相应的能谱（EDS）元素映射的显示了微观结构的变化，如图 3-11 和图 3-12 所示。由于 NF 与样品结合紧密，所以将催化剂从基底表面轻轻刮下。因此，微长方体与纳米线不可避免地分离，很难保持原有的形貌。从图 3-11（a）可以看出，微立方体形状整齐，表面光滑。在图 3-11（b）中对应的高分辨率 TEM（HRTEM）图像显示出 5.1 Å（1 Å=0.1 nm）的晶格条纹，这对应于 NiHCF 的（200）平面。同样，图 3-11（c）为直径约为 200 nm 的纳米线的典型形貌。而图 3.11（d）对应的 HRTEM 显示 3.6 Å 的晶格条纹，归属于 Fe_2O_3 的（012）平面。有趣的是，通过对 NiHCF 前驱体进行化学蚀刻处理后，如图 3-13（a）所示的 TEM 图像可以发现，平均直径约为 100～150 nm 的纳米线被包裹在微长方体中。而在图 3-13（c）中，HRTEM 图像显示出的微长方体的晶面间距为 0.51 nm，可以索引到 NiHCF 的（200）晶面上，而在图 3-13（d）中，晶面距离为 0.36 nm，可以索引到 Fe_2O_3 纳米线的（012）面，这有力地证明了化学蚀刻不能去除嵌入在微长方体中的 Fe_2O_3 副产物。因此，推测微长方体涂层所保护的 Fe_2O_3 在电化学活化后的 XRD 谱图中形成了 Fe_2O_3 的弱峰。为了进一步研究 NiHCF 前驱体的化学元素组成，我们使用了高角度环形暗场扫描透射电子显微镜（HAADF-STEM）并进行了相应的 EDS 映射 [图 3-11（e）～（g）]。NiHCF 前驱体的 EDS 映射图 3-11（f）和图 3-11g 显示，Fe、O、C 和 N 元素均匀分布在纳米线部分，相比之下，Fe、Ni、O、C 和 N 元素均匀分布在微长方体部分，这与能量色散 X 射线能谱（EDX）元素映射图像的结果一致（图 3-14），这进一步证实了我们之前的推测，即纳米线的成分是 Fe_2O_3。进一步利用图 3-12 的 TEM 图像，研究了电化学活化后产物的详细结构。在 HRTEM 图像中没有观察到清晰的晶格条纹 [图 3-12（b）]，而在选区电子衍射（SAED）图形中，中心亮点周围出现了一个典型的光晕 [图 3-12（c）]，这证实了产物转变为非晶性质[107-109]。HAADF-STEM 和 EDS 映射图 [图 3-12（d）] 表明，电化学活化后产物中存在 Fe、Ni、C、N 和 O，且分布均匀。

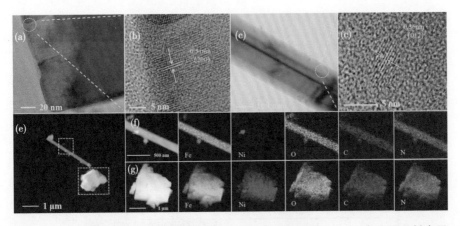

图 3-11　（a,c）NiHCF 前驱体的透射电子显微镜图像和（b,d）高分辨透射电子
显微镜图像图像；（e）高角度环形暗场扫描透射电子显微镜图像；（f ~ g）Fe、Ni、
O、C、N 的元素映射图像

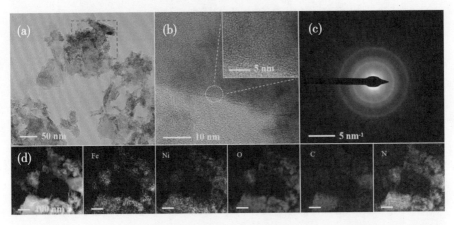

图 3-12　（a ~ b）a-NiHCF 的透射电子显微镜图像和高分辨透射电子显微镜图
像；（c）a-NiHCF 的选区电子衍射图；（d）高角度环形暗场扫描透射电子显微镜
图像和元素映射图像

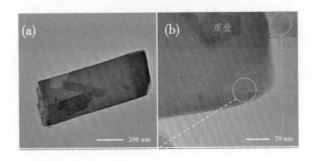

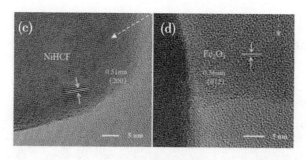

图 3-13 （a ~ b）NiHCF 前驱体化学蚀刻后的透射电子显微镜图像；（c, d）高分辨透射电子显微镜图像

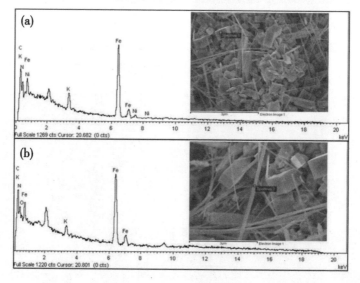

图 3-14 NiHCF 前驱体的微长方体（a）和纳米线（b）对应的能量色散的 X 射线光谱元素图

为了研究 NiHCF 前驱体和 a-NiHCF 的元素组成和化学价态，我们在图 3-15（a）、图 3-15（b）和图 3-16 中进行了 X 射线光电子能谱（XPS）分析，发现 Ni、Fe、C、N 和 O 元素共存，这与 EDS 元素映射结果完全一致。NiHCF 前驱体和 a-NiHCF 在 Ni 2p 和 Fe 2p 区域都有两个自旋轨道峰和卫星峰。NiHCF 前驱体出现三价镍的原因可能是样品在干燥过程中发生了部分氧化。二价铁的存在可以归因于以下反应：$Ni + 2[Fe（CN）_6]^{3-} \rightarrow 2[Fe（CN）_6]^{4-} + Ni^{2+}$[103]。此外，这一现象与之前的研究[110]非常一致。有趣的是，Ni $2p^{3/2}$ 在 a-NiHCF 中，Ni^{3+} 在 857.3 eV 和 Ni^{2+} 在 855.3 eV 的峰值在电化学激活后向较低的结合能发生了轻微的

转移,表明 Ni 原子的最外层电子数增加。通过峰面积的积分,NiHCF 前驱体、e-NiHCF 和 a-NiHCF 的 Ni^{3+}/Ni^{2+} 比值显示在图 3-17（b）中。显然,a-NiHCF 中 Ni^{3+}/Ni^{2+} 比值最大,说明经过电化学活化处理后,a-NiHCF 中 Ni^{3+} 含量最高。据我们所知,Ni^{3+} 可以提高吸附氧的亲电性,从而有利于 OER 过程中晶态或非晶态 NiOOH 膜的形成,普遍有利于 OER 的进行[111,112]。与此同时,图 3-15（b）所示的 a-NiHCF 中 Fe $2p^{3/2}$ 的峰相对于 NiHCF 前驱体的峰有更高的结合能,表明 Fe 原子向 Ni 原子发生了电子转移,导致 Ni 原子与 Fe 原子之间存在较强的电子相互作用。NiHCF 前驱体和 a-NiHCF 的其他元素（C、N、O）的 XPS 谱图如图 3-16 所示,在同样的情况下,峰的位移可以忽略不计。这些结果可能归因于电极表面的重构,根据之前的报道,这可以促进电子转移,优化 OER 过程中中间体的吸附/解吸,提升电催化活性[110,113-117]。

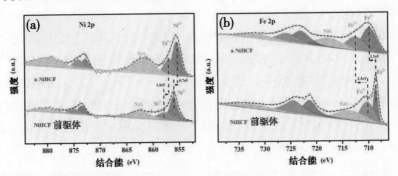

图 3-15　NiHCF 前驱体和 a-NiHCF 的（a）Ni 2p 和（b）Fe 2p x 射线光电子能谱

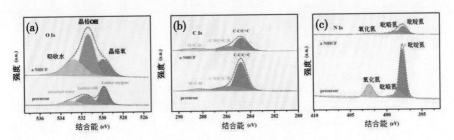

图 3-16　NiHCF 前驱体和 a-NiHCF 的（a）O 1 s、（b）C 1 s 和（C）N 1 s 的 X 射线光电子能谱

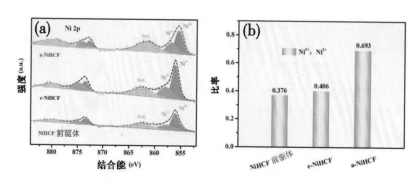

图 3-17 （a）NiHCF 前驱体、e-NiHCF 和 a-NiHCF 中 Ni 2p 的 X 射线光电子能谱；（b）通过 X 射线光电子能谱计算出这些样品中 Ni^{3+}/Ni^{2+} 的含量比值

此外，根据 Brunauer-Emmet-Teller（BET）法 和 Barrett-Joyner-Halenda（BJH）模型对两种催化剂的氮吸附和解吸等温线进行了比表面积和相应的孔结构计算，如图 3-18 所示。氮吸附等温线和相应的 BJH 孔径分布图显示三种催化剂均为介孔结构，孔径分布集中在 3.0 nm。经电化学活化处理后，a-NiHCF 的比表面积为 56.913 $m^2 \cdot g^{-1}$，远远大于 NiHCF 前驱体的比表面积（2.529 $m^2 \cdot g^{-1}$）和 e-NiHCF 的比表面积（3.455 $m^2 \cdot g^{-1}$）。这些变化表明电化学活化处理后的表面可能发生重构。大的比表面积和丰富的介孔可以提供大量的活性位点，促进更快的电荷 / 质量传输，有利于提高电化学活性。

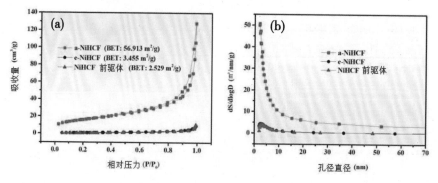

图 3-18 （a）NiHCF 前驱体、e-NiHCF 和 a-NiHCF 的氮吸附等温线；（b）对应的孔径分布

在三电极体系中，考察了各种催化剂对 OER 的电催化性能。图 3-19（a）显示了负载量为 4.9 mg $\cdot$ cm^{-2} 的 a-NiHCF 在 OER 过程中的 LSV 曲线。可以清楚地观察到 a-NiHCF 表现出压倒性电催化性能，在很低

的过电势（210 mV）下即可驱动 50 mA·cm^{-2} 的电流密度（对几何表面积归一化），这比 K$_3$[Fe（CN）$_6$]+NF（340 mV），urea+ NF（420 mV），NF（430 mV）和最先进的催化剂 RuO$_2$（310 mV）小得多。此外，获得 400 和 800 mA·cm^{-2} 的电流密度下，只需要 280 和 309 mV 的过电压，低于讨论的其他催化剂。在不同负载量（1.9、3.9、5.9、7.9 mg·cm^{-2}）下，RuO$_2$/NF 和 NiHCF + NF 以及 a-NiHCF 的 OER 性能如图 3-20 所示。可以看出，尽管随着负载量的增加，RuO$_2$/NF 和 NiHCF + NF 的催化性能逐渐提高，但 a-NiHCF 的催化性能远高于对照样品。图 3-21 和图 3-22 分别对不同用量 K$_3$[Fe（CN）$_6$] 和 urea 制备的 NiHCF 前驱体的 OER 性能进行了研究。显然，urea 和 K$_3$[Fe（CN）$_6$] 是水热法制备 OER 性能最佳的样品所必需的。其中 K$_3$[Fe（CN）$_6$] 为 PBA 骨架结构的生长提供了必需的元素，urea 可以调节水热产物的形貌和结晶度，从而提高 OER 的活性。为了评估在 NF 基底上原位生长对 OER 活性的影响，还采用共沉淀法制备了 NiHCF 粉末样品，用粘结剂粘接在 NF 上，负载量为 4.9 mg·cm^{-2}（表示为 NiHCF + NF）作为对比样品[118]。图 3-23（a）显示了这些 NiHCF 粉末呈纳米立方体的形貌，平均粒径约为 120 nm。从图 3-23（b）对应的 XRD 图谱可以看出，所有的衍射峰都属于典型的 NiHCF[93]，说明产品纯度高。如图 3-24（a）所示，a-NiHCF 的性能远高于 NiHCF + NF。这一显著提升归因于无粘接剂的原位生长的 a- NiHCF 更快的电子转移。当水热温度为 180 ℃时，a-NiHCF 的 OER 活性表现最好，如图 3-24（b）所示。

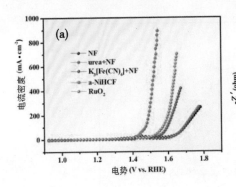
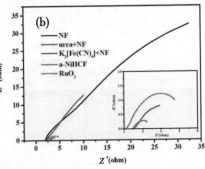

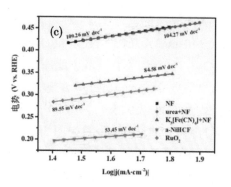
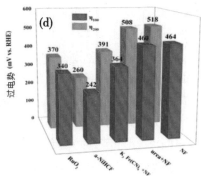

图 3-19 （a）NF、urea+ NF、K₃[Fe（CN）₆]＋ NF、a– NiHCF 和 RuO₂ 对析氧反应的 IR 补偿后的极化曲线；（b）过电位为 270 mV 时对应的 Nyquist 曲线；（c）Tafel 斜率；（d）在 100 mA·cm⁻² 和 200 mA·cm⁻² 电流密度处的过电位比较

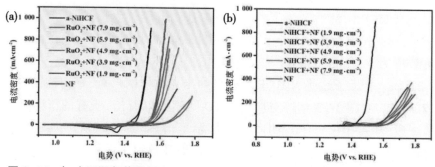

图 3-20 （a）不同负载量下 a–NiHCF 和 RuO₂ ＋ NF 的极化曲线；（b）不同负载量下 a–NiHCF 和 NiHCF ＋ NF 的极化曲线

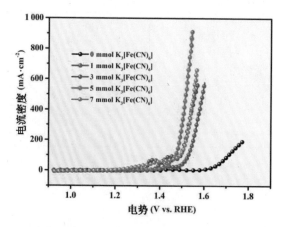

图 3-21 通过调节不同 K₃[Fe（CN）₆] 添加量进行水热反应得到的复合材料对析氧反应的极化曲线

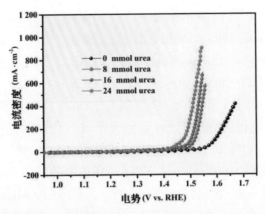

图 3-22　通过调节水热反应中不同尿素用量得到复合材料的极化曲线

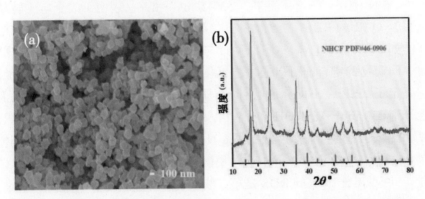

图 3-23　NiHCF + NF 的扫描电子显微镜图像（a）和 X 射线粉末衍射图谱（b）

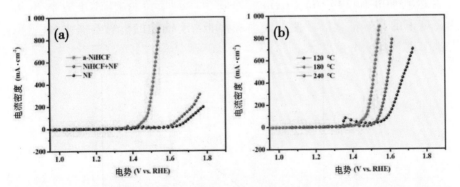

图 3-24　（a）a-NiHCF、NiHCF + NF 和 NF 的极化曲线，（b）不同水热温度下制
备的电极的极化曲线：120 ℃、180 ℃、240 ℃

通过电化学阻抗谱（EIS）进一步了解催化剂的 OER 活性。从图
3-19（b）和图 3-25 中可以看出，a-NiHCF 的电荷转移电阻（Rct）最

小，说明它电子转移速率相对较快。为了探究这些催化剂的催化动力学机理，我们从它们的 LSV 极化曲线中得到了 Tafel 斜率。a-NiHCF（53.45 mV·dec^{-1}）的 Tafel 斜率低于 K$_3$Fe（CN）$_6$ + NF（84.58 mV·dec^{-1}）、urea+ NF（104.27·mV·dec^{-1}）、NF（109.26 mV·dec^{-1}）和最优催化剂 RuO$_2$（89.55·mV dec^{-1}）。众所周知，Tafel 斜率通常被认为是一种判断优良的电催化剂的指标，它包含了对催化体系反应机理的深刻和有价值的信息，特别是对速率决定步骤（RDS）的确定[119]。具体来说，当 Tafel 斜率为 120 mV·dec^{-1} 时，OER 中的第一个电子转移步骤（H$_2$O+* → OH*+H$^+$+e$^-$）为水解离的 RDS，而 60 mV·dec^{-1} 为吸附羟基去除 H 后的第二个电子转移步骤（OH*+OH$^-$ → O*+H$_2$O+e$^-$）[14]。在本书中，a-NiHCF 的 Tafel 斜率为 53.45 mV·dec^{-1}，表明第二个电子转移步骤是 OER 的 RDS。此外，最近的研究证明 OER 的电化学生成氧中间体如 OH* 是亲电体，这可以通过与亲核物质如醇分子的反应来探测，而中间产物的键合能可以通过醇氧化作用下 CV 中的单个信号来揭示，它决定了 OER 在不同介质、不同电催化剂中的 RDS[120-123]。同理，我们也分别在 1 mol·L^{-1} KOH 和 1 mol·L^{-1} KOH + 1 mol·L^{-1} 甲醇条件下，以 50 mV·s^{-1} 的扫描速度测试了 a-NiHCF 的 CV（图 3-26）。可以看出，在 1 mol·L^{-1} KOH + 1 mol·L^{-1} 甲醇电解液中，a-NiHCF 的 OER 明显升高，说明 a-NiHCF 的 RDS 是第二步。它与这些报道的工作是一致的。令人印象深刻的是，a-NiHCF 需要 242 mV 和 260 mV 的超低过电压即能达到 100 和 200·mA·cm^{-2}，如图 3.19d 所示。a-NiHCF 在大电流密度下的良好催化活性使其成为一种非常有前途的析氧电催化剂，可以用于高效的水分解技术。

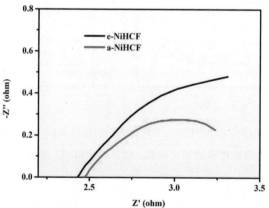

图 3.25　e–NiHCF 和 a–NiHCF 在过电位为 270 mV vs RHE 时的 Nyquist 图

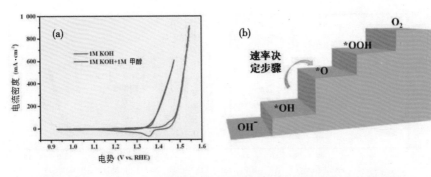

图 3-26　a-NiHCF 在析氧反应中对甲醇的电化学响应及反应机理

通过不同扫描速率下的循环伏安曲线（CV）计算双层电容（Cdl），评价催化剂的 ECSA（图 3-27）[124,125]。在图 3-27（a）中，a-NiHCF、$K_3Fe(CN)_6$+NF、urea+NF、NF 的 Cdl 值分别为 5.89 mF·cm^{-2}、4.43 mF·cm^{-2}、2.86 mF·cm^{-2}、2.59 mF·cm^{-2}。此外，值得注意的是，a-NiHCF 的 Cdl 值是 $K_3Fe(CN)_6$+NF 的 1.33 倍，当电势为 1.5 V（vs RHE）时，a-NiHCF 的电流密度（293 mA·cm^{-2}）是 $K_3Fe(CN)_6$+NF 的电流密度（18.8 mA·cm^{-2}）的 15.6 倍。同样，将 a-NiHCF 与 urea+NF 进行比较，也会出现类似的结果。这些结果表明，a-NiHCF 优异的催化性能不仅与 ECSA 的增强有关。因此，为了研究所有样品的本征活性，图 3-27（b）显示了不同电极经相应 ECSA 归一化电流密度后的 LSV 曲线。显然，a-NiHCF 在所有样品中仍具有最好的本征催化性能。因此，我们推测，几何优化导致的催化位点数量和表面重构导致的有效活性对最终的催化性能都有影响。从图 3-27（c）可以看出，当过电位为 160、242、260、287 mV 时，a-NiHCF 在至少 30 h 内的电流密度衰减可以忽略，这表明 a-NiHCF 对 OER 具有很强的稳定性。同样，从图 3-28 中可以看出，经过 3 000 CV 循环后，极化曲线与初始极化曲线相比没有明显的衰减。经过稳定性测试，SEM 图像（图 3-29(a)、(b)）、XRD 图谱（图 3-29(c)）和 XPS 光谱（图 3.30）也表明催化剂几乎没有变化。此外，a-NiHCF 的法拉第效率（FE）为 ~100%，如图 3-27（d）所示，说明 OER 过程中，电流密度主要来源于电荷-氧转换。简单比较一下，a-NiHCF 在 100 mA·cm^{-2} 的过电位优于最近报道的大多数非贵金属电催化剂，如图 3-27（e）所示，这表明 a-NiHCF 催化剂是优良的 OER 电催化剂。

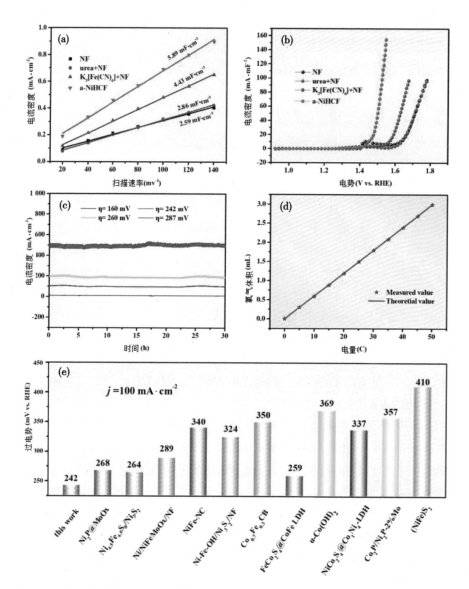

图 3-27 （a）a-NiHCF、K₃Fe（CN）₆ + NF、urea+ NF 和 NF 的 Cdl；（b）电化学活性面积归一化后所有样品的极化曲线；（c）过电位为 160、242、260、287 mV 时 a-NiHCF 随时间变化的电流密度曲线；（d）法拉第效率测试；（e）a-NiHCF 在 100 mA·cm⁻² 下的过电位与最近文献报道的其他催化剂的比较

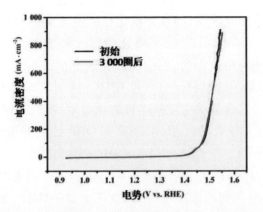

图 3-28　3 000 CV 循环前后 a-NiHCF 的极化曲线

图 3-29　a-NiHCF 稳定性测试后的扫描电子显微镜图像（a，b）和 X 射线粉末衍
射图谱（c）

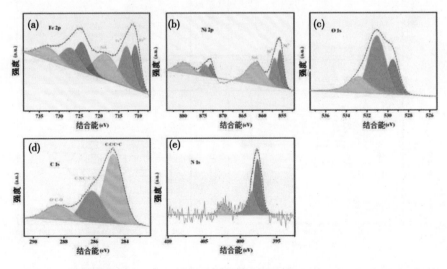

图 3-30　稳定性试验后，从 a-NiHCF 中分别得到了（a）Fe 2p，（b）Ni 2p，（c）
O 1s，（d）C 1s 和（e）N 1s 的 X 射线光电子能谱

此外,为了探究蚀刻对 OER 催化性能的影响,我们比较了 NiHCF 前驱体在 HCl 蚀刻前后的 LSV 极化曲线。如图 3-31(a)所示,蚀刻前后 OER 活性均略有提高,相应的 Cdl 进一步证实了这一点(图 3-31(b))。有趣的是,可以观察到,在没有 HCl 蚀刻的 NiHCF 前驱体的活化过程中,有一定数量的物质从电极表面迅速脱落,这使得 Cdl 在 HCl 蚀刻前后得到了较大的改善,但观察到 OER 性能并没有得到明显的提高。图 3-32(a)和 3-32(b)为 NiHCF 前驱体经过 10 CV 循环后的 SEM 图像,其中 Fe_2O_3 纳米线几乎完全消失。电解池底部经过 10 个 CV 循环后收集到的掉落物的 XRD 图谱如图 3-32(c)所示。所有衍射峰均指向 Fe_2O_3,证明收集到的物质为 Fe_2O_3。为了研究 Fe_2O_3 在本案例中的电催化性能,我们收集了电解池底部经过 10 CV 循环后的 Fe_2O_3,制备成催化墨水,分别均匀沉积在玻碳电极(GCE,3 mm)和镍泡沫上。从图 3-33 可以看出,在这两种情况下,沉积在 GCE 和 Ni 泡沫上的 Fe_2O_3 对催化性能的改善都不明显,这进一步说明 Fe_2O_3 的电催化性能较差。

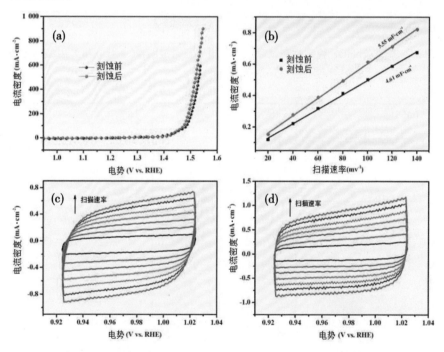

图 3-31 (a)NiHCF 前驱体在 HCl 蚀刻前后的极化曲线;(b)相应的 Cdl 曲线;(c,d)20~140 mV·s^{-1} 不同扫描速率下非法拉第区域内测量的循环伏安曲线

图 3–32　（a，b）NiHCF 前驱体经 10 圈循环伏安后的扫描电子显微镜图像；（c）
析氧反应测试后电解槽底部收集到的掉落物质的 X 射线粉末衍射图谱

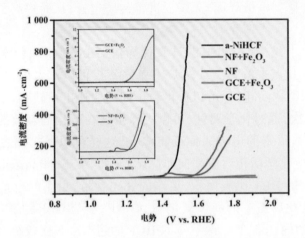

图 3–33　a–NiHCF、NF + Fe$_2$O$_3$、NF、GCE + Fe$_2$O$_3$ 和 GCE 对析氧反应的 IR
补偿后的极化曲线

　　此外，为了研究活化对 OER 催化活性的影响，在图 3-34（a）中还
比较了 e-NiHCF 活化前后的 LSV 极化曲线。显然，激活的 e-NiHCF（表
示为 a-NiHCF）需要 1.51 V 的电位，远低于原始 e-NiHCF（1.55 V），
提供 400 mA·cm^{-2} 的大电流密度。如图 3-34（b）所示，a-NiHCF 的
Cdl 为 5.89 mF·cm^{-2}，高于 e-NiHCF（5.55 mF·cm^{-2}）。小幅度的增
加说明 a-NiHCF 具有更高的活性表面积，说明合成过程中的活化对于
获得更多的电催化活性表面位点是必不可少的。实际上，催化剂仅在
50 CV 循环后就可以激活，说明在激活过程中电极表面的重构在很短的
时间内完成。此外，从图 3-34(a) 中插入的放大图像可以看出，e-NiHCF
在 1.35 V 左右激活后，Ni^{3+}/Ni^{4+} 向 Ni^{2+} 的还原峰面积大于 e-NiHCF，
说明 OER 过程中活化后 e-NiHCF 表面的高价态（Ni^{3+}/Ni^{4+}）比例高于
活化前 e-NiHCF。已有研究证明，还原峰的面积与本征电导率和电化学

活性位点的数量几乎成正比,这对 OER 电催化剂的活性起着重要作用[126-128]。同时,还原峰的出现证实了电极表面已经重构。因此,结合以上表征结果,可以得出电化学活化后大电流密度下的真正有效活性物质为非晶态 NiHCF。为了进一步确定催化剂的亲水性和润湿性,在图 3-35 中进行了接触角测量。可以发现 $K_3[Fe(CN)_6]$ + NF 和 a-NiHCF 的接触角小于 NF 和 urea+ NF,说明 $K_3[Fe(CN)_6]$ + NF 和 a-NiHCF 表面具有超亲水性。这一结果可以归因于合成催化剂的表面粗糙度和非晶态特征,从而导致电极表面有大量的缺陷位点[129,130],这使得离子从液体迅速转移到电极界面,无疑促进了传质过程,从而提高了电催化性能[131,132]。

基于以上结果,a-NiHCF 具有优异的 OER 性能和稳定性的原因可以用以下几点来解释。首先,NF 基底不仅可以作为催化剂骨架,减缓催化剂的结构演化,还可以提供粒子间的快速电荷转移,增强氧气泡的释放;其次,通过化学腐蚀,可以去除覆盖在催化剂表面的非活性物质,同时原本致密的电极表面变得多孔,这样可以暴露出更大的表面积,有利于电化学活化后表面向非晶态转化。第三,非晶态形态使催化剂具有更大的 BET 比表面积、更多的介孔含量、更小的电荷转移电阻和电化学活化后更多的高价氧化态,如 Ni^{3+} 参与 OER 过程,本质上提高了 OER 的内在活性。最终, a-NiHCF 的超亲水表面较疏水表面更有利于电化学反应过程中电极与电解液之间的接触,有利于提高电化学性能。

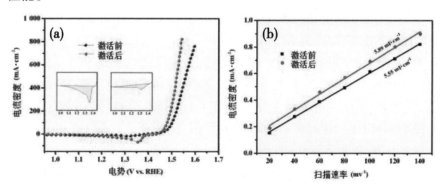

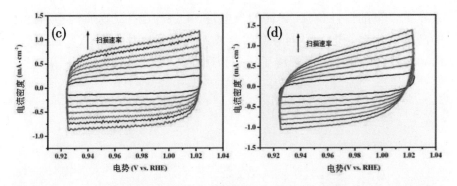

图 3-34　（a）激活前后 e-NiHCF 的极化曲线，插图（左）激活后和（右）激活前 Ni^{3+}/Ni^{4+} 到 Ni^{2+} 的还原峰面积；（b）对应的电流密度差与扫描速率的关系。（c-d）激活前后 e-NiHCF 在 20～140 mV·s^{-1} 不同扫描速率下的非法拉第区的循环伏安曲线

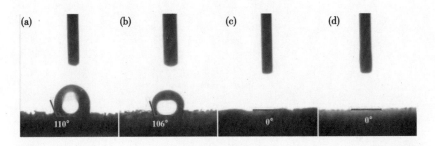

图 3-35　（a）NF，（b）urea+ NF，（c）K$_3$[Fe（CN）$_6$] + NF，（d）a-NiHCF 的接触角结果

3.4　本章小结

综上所述，我们成功地在 NF 泡沫上合成了一种非晶态超亲水性 NiFe PBA 电催化剂（表示为 a-NiHCF）。在碱性介质中，a-NiHCF 在大电流密度下表现出优越的 OER 性能和优异的耐久性。为了驱动 400 mA·cm^{-2} 和 800 mA·cm^{-2} 的高电流密度，只需要 280 mV 和 309 mV 的超低过电位，远远超过了最近报道的许多 OER 催化剂。这是由于大孔泡沫镍基底与非晶态 NiFe PBA 的协同作用，使得 a-NiHCF

具有更丰富的活性位点,更高的导电性,更快的电荷/物质转移和更多的高价氧化态。这一不同寻常的合成方法有望在其他 PBA 中实现,从而为高效电催化水分解开辟了一条新途径。

第 4 章　Co$_3$O$_4$/Co 电极用于肼辅助节能高效析氢反应

4.1 引　言

　　随着化石燃料的迅速枯竭和环境恶化的日益严重,人类开发环境友好和可持续的清洁能源作为化石能源的替代物,已经付出了相当大的努力[133]。然而由于地理分布的不均性和季节变换的间歇性,风能、太阳能等清洁能源无法得到广泛推广。氢能具有较高的能量密度(142 MJ·kg^{-1}),燃烧不会产生温室气体,被认为是最理想的化石能源替代物[134,135]。与各种制氢方法相比,电解水一直被认为是一种环境友好而高效的制氢方法[136,137]。然而,与进行双电子转移过程的析氢反应(HER)相比,四电子转移过程的析氧反应(OER)需要相对较高的电位,这成为电解水过程的最大阻碍[138-142]。众所周知,铱基或钌基催化剂是OER 催化剂的基准[143,144],但即使使用铱基或钌基催化剂,也需要高于理论最小值的电压[145],此外,高昂的成本和稀缺的储备阻碍了其大规模使用。为了应对这些问题,许多研究关注于探索地球上储备丰富的过渡金属基催化剂(如过渡金属基氧化物/氢氧化物、过渡金属层状双氢氧化物等),以及设计可控的催化剂微观结构(如纳米片、纳米粒子、纳米线等)[146-150]。尽管在降低 OER 过电位方面过渡金属基催化剂已经取得了很大的进展,但是,在电解过程中要驱动高电流密度仍需要较高的过电位。

近年来,科研人员探索用小分子氧化反应来替代缓慢的 OER,这可能会显著降低制氢所需的电位[151-154]。目前,肼被认为是一种有效降低电解水制氢槽电压的节能替代品[155],这是由于肼本身具有较强的还原能力。同时肼不含碳元素,在肼氧化反应(HzOR)过程中降解成氮和水,不会排放温室气体[156]。因此,用 HzOR 代替 OER 可以进一步提高电解水制氢效率。例如,Sun 的研究小组开发了 Ni_2P 纳米阵列作为高效 HzOR 电催化剂用于节能制氢[157]。同时,Xia 等人设计了一种双功能管状硒化钴纳米阵列电极用于高效的 HER 和 HzOR[41]。Zhao 等人在镍基底上开发了一种三维分层的 Ni(Cu)合金复合材料,这种材料也表现出优异的 HzOR 催化活性和耐久性[158]。

过渡金属氧化物(TMOs)因其资源储备丰富、极端环境下稳定性良好和生态友好性等优异的理化特性而受到广泛关注[159,160]。近年来的研究表明,钴基氧化物在电催化水分解中得到了广泛的应用。Co_3O_4 由于其独特的电子态和合理的纳米结构,可扩展的比表面积,可以有效地改善电荷和物质的输运,提升催化活性。例如,Wu 等人合成了一种八面体 Co_3O_4 颗粒催化剂明显降低了 HER 和 OER 反应的过电位[161],Qiao 等人以金属有机框架为基础,在铜基底上制备的含碳多孔 Co_3O_4 纳米线阵列也具有良好的 OER 催化活性[162]。虽然科研人员已经取得了很大的进展,但在合成路线和结构优化方面还需要进一步的探索,以开发更具活性和稳定性的电催化剂。此外,关于钴基氧化物在 HzOR 过程中的催化机理讨论的报道较少。

基于以上考虑,我们设计了一种简易而高效的四氧化三钴催化电极。通过简单的一步水热法,在商用 Co 泡沫上生长由微小纳米立方体组装而成的微条状 Co_3O_4(记为 Co_3O_4/Co)。值得注意的是,该材料表面暴露有丰富的 Co^{2+}、Co^{3+} 组分和 O 缺陷,有利于 HzOR 过程。此外,由于 Co_3O_4 独特的微条状形貌与多孔 Co 泡沫基底的协同作用,促进了电解液和气体的快速扩散,这使其成为 HzOR 催化剂的良好候选材料。具体来说,合成的 Co_3O_4/Co 在 HzOR 过程中(-32 mV @ 200 mA·cm^{-2},53.43 mV·dec^{-1})具有显著的催化活性和良好的耐久性,仅需要 1 V 的超小电池电压即可驱动 764 mA·cm^{-2},其性能优于贵金属基催化剂和已报道的非贵金属基电催化剂。此外,Co_3O_4/Co 电极的法拉第效率接近 100%,这表明它是一种很有潜力的节能电催化剂。

4.2　催化电极的制备

4.2.1 Co$_3$O$_4$/Co 催化剂的制备

首先,用丙酮和 3.0 mol·L^{-1} HCl 依次对 2×3 cm 的 Co 泡沫进行超声处理 30 min。将 Co(NO$_3$)$_2$·6H$_2$O(0.439 g)溶解于 30mL 去离子水中,大力搅拌 30 min。随后,清洁后的 Co 泡沫和硝酸钴溶液被加入到一个 50 mL 内衬聚四氟乙烯的不锈钢高压釜中。在 180 ℃加热 20 h 后,自然冷却至室温。得到的水热产物从反应釜取出,分别用去离子水和乙醇洗涤三次,并在 60 ℃下烘干过夜。为了便于比较,我们还用同样的方法制备了 Co 泡沫电极(表示为 Co)、Ni 泡沫电极(表示为 NF)和 Co$_3$O$_4$/NF 电极。

4.2.2 Pt/C/Co 催化剂的制备

以泡沫钴为工作电极的负载量为基准制备 Pt/C 催化剂,步骤如下:首先,用 0.02 mL Nafion 溶液将 13 mg Pt/C 分散在 0.48 mL 乙醇中。然后进行 30 min 的超声处理,将 50 μL 的催化剂悬浮液滴在几何表面积为 0.2 cm^2 的钴基底上。负载量约为 6.5 mg·cm^{-2}。

4.2.3 Co$_3$O$_4$/GCE 催化剂的制备

Co$_3$O$_4$/GCE 电极的制备过程是:首先收集 4.55 mg Co$_3$O$_4$ 催化剂粉末,分散在 45 μL 乙醇和 5 wt% Nafion 溶液的混合物中,然后进行超声处理。然后将 5 μL 的催化剂油墨转移到直径为 3 mm、几何面积为 0.07 cm^2 的 GCE 上,室温干燥得到制备的工作电极。负载量与 Co$_3$O$_4$/Co 相同,为 6.5 mg·cm^{-2}。

4.3 实验结果与讨论

一步法水热合成 Co_3O_4/Co 的过程如图 4-1 所示。用透射电镜和扫描电镜观察了图 4-2 所示制备样品的形貌。由微小纳米立方体组装而成的微条状 Co_3O_4 在大孔 Co 泡沫表面生长。该形貌具有较大的比表面积和较多的活性位点,有利于电化学活性的提高。

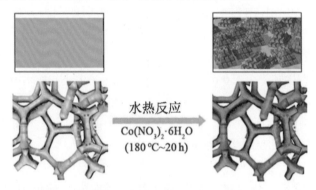

水热反应
$Co(NO_3)_2 \cdot 6H_2O$
(180 ℃~20 h)

图 4-1　一步水热合成示意图

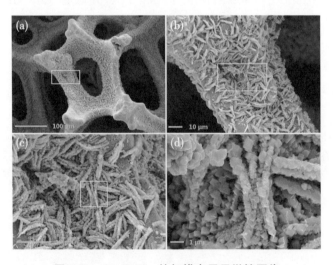

图 4-2　Co_3O_4/Co 的扫描电子显微镜图像

图 4-3 的 XRD 谱图表明,31.3°、36.8°、44.8°、59.3° 和 65.2° 处的衍射峰分别位于 Co_3O_4 相(JCPDS 卡片号:JCPDS43-1003)的(220)、(311)、(400)、(511)和(440)面。其他峰值分别位于 44.5°、44.8° 和 47.9°,分别对应单质 Co(JCPDS 卡片号:15-0806 及 05-0727)的(111)、(002)和(101)面。TEM 图像在图 4.4b 中呈现出不同的晶格条纹。Co_3O_4 的(311)和(511)面分别对应 0.247 和 0.159 nm 的晶格间距,Co 的(100)面对应 0.220 nm 的晶格间距,这与 SAED 非常一致(图 4.4(c))。图 4.4(d)的元素映射图像显示钴和氧元素在材料中分布均匀。

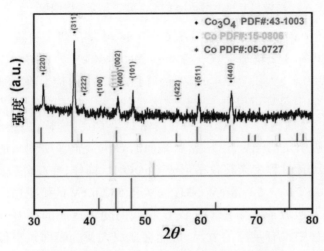

图 4-3 Co_3O_4/Co 的 X 射线粉末衍射谱图

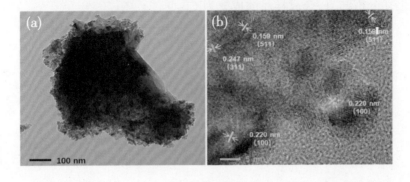

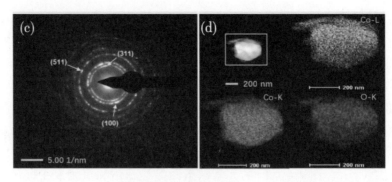

图 4-4 （a，b）Co$_3$O$_4$ 的透射电子显微镜图像；（c）Co$_3$O$_4$/Co 的选区电子衍射
图像；（d）Co$_3$O$_4$/Co 的 Co 和 O 元素映射图像

图 4-5（a）中 XPS 图谱显示 Co 2p 区域存在两个自旋轨道峰，2p 3/2 轨道和 2p 1/2 轨道。在 779.4 eV 和 794.4 eV 处的峰值与 Co^{3+} 对应，而在 780.8 eV 和 796.4 eV 处的峰值与 Co^{2+} 对应。在 784.1 eV 和 802.9 eV 的卫星峰可以进一步确定大量的 Co^{2+} 离子的存在[163]。在 2p 1/2 和 2p 3/2 轨道峰中，Co^{2+} 的峰高略高于 Co^{3+}，这样，就会有更多的氧空位来吸引负离子。此外，材料表面的 Co^{3+} 提高了吸附氧的亲电性，有利于 HzOR 过程中亲核攻击形成 CoOOH。同样，在高分辨率的 O 1s 区域（图 4-5（b）），529.4 eV、531.5 eV 和 532.4 eV 的峰是由于晶格氧、氧空位以及吸收或离解的 OH 或 O 物质的变化造成的[164]。由于在水热反应过程中没有足够的氧气，可能会造成大量的表面氧空位，这可以调节合成样品的电子状态，提高电导率，也有利于吸附水分子。因此，根据上述分析结果，合成样品的成分为 Co$_3$O$_4$。

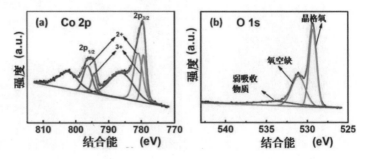

图 4-5 Co$_3$O$_4$/Co（a）Co 2p 和（b）O 1s 的 X 射线光电子能谱

采用三电极体系对碱性介质中不同浓度肼对 HER 和 HzOR 的 LSV 进行了测定。不同反应温度和不同反应时间下制备样品的 SEM

图像、XRD 和 LSV 测量结果如图 4-6 到图 4-10 所示。当反应温度为
180 ℃，反应时间为 20 h 时，HER 和 HzOR 效果最好。

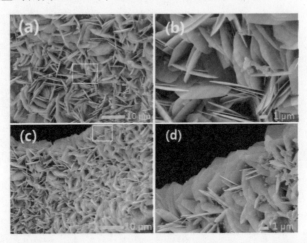

图 4-6　180 ℃水热 10 h 后 Co₃O₄/Co 的扫描电子显微镜图像

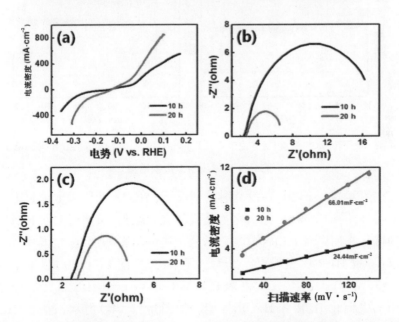

图 4-7　（a）不同水热时间下 Co₃O₄/Co 手动 IR 补偿后的极化曲线：10 h、20 h；
　　　（b）、（c）不同水热时间下的析氢反应和水合肼氧化反应的 Nyquist 曲线，在
　　　1 mol·L⁻¹ KOH 和 0.3 mol·L⁻¹ N₂H₄·H₂O 中分别选择 200 mV、250 mV
　　　（vs RHE）的过电位下测试获得；（d）在 1.0 mol·L⁻¹ KOH 和不同水热时间下，
　　　　　不同扫描速率记录的循环伏安曲线数据得到 Co₃O₄/Co 的 Cdl

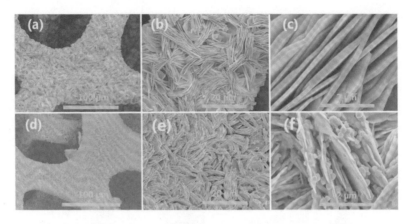

图 4-8　不同水热温度(a,b,c)120 ℃,(d,e,f)150 ℃下,水热时间 20 h 得
到的 Co_3O_4/Co 的扫描电子显微镜图像

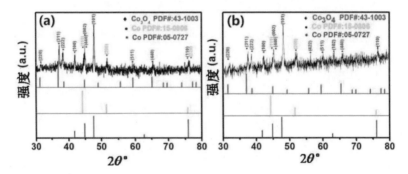

图 4-9　在不同水热温度(a)120 ℃,(b)150 ℃下,水热时间 20 h 得到 $Co_3O_4/$
Co 的 X 射线粉末衍射谱图

在图 4-11（a）中,在没有肼的情况下,HzOR 的阳极电流近似等于零。同时,肼浓度越高,阳极电流密度增大越剧烈,表明对 HzOR 具有高效的催化作用。对 HER 来说,随着肼浓度的不断增加,电位发生了负向转移,导致 HER 的表现更差。为了便于比较,图 4-11（b）显示了 NF、Co_3O_4/Co、Co_3O_4/NF、Co 和 Pt/C 在 0.3 mol · $L^{-1}N_2H_4$ · H_2O 的碱性介质中的电催化 HER 和 HzOR 性能。如图 4-11（b）所示,NF 的 HzOR活性最差,电流密度上升最慢,而 Co_3O_4/NF 和 Co 在 200 mA · cm^{-2}时的 HzOR 活性较差。值得注意的是,Co_3O_4/Co 电极的 HzOR 活性（32 mV @ 200 mA · cm^{-2}）明显高于 Pt/C（73 mV @ 200 mA · cm^{-2}）的 HzOR 活性。这种优异的性能使 Co_3O_4/Co 优于最近报道的最有效的 HzOR 催化剂（见表 4-1）。对于 HER 来说,Co_3O_4/Co 的催化性能比

除 Pt/C 外的其他催化剂都有了很大的提高。为了进一步探究 Co₃O₄/Co 的 HzOR 过程，EIS 谱图如图 4-11（c）所示。插图显示 Co₃O₄/Co 和 Pt/C 催化剂的放大曲线。首先，对比 Co 和 NF 的 EIS 谱，前者的 Rct 低得多，因此允许更快的电子转移，使其更适合作为 Co₃O₄ 生长的基底。Co₃O₄/Co 的 Rct 低于 Co₃O₄/NF，验证了之前的推断。Rct 遵循以下顺序：Co₃O₄/Co<Pt/C <Co₃O₄/NF <Co<NF。在 HER 过程中，多孔 Co₃O₄/Co 电极 Rct 较低，仅次于 Pt/C，如图 4-11（d）所示。这一结果可能主要是由于微条状 Co₃O₄ 特有的形貌与 Co 泡沫基底的协同作用。HzOR 和 HER 的 Tafel 图也显示在图 4-11（e），（f）中，这进一步证明了用 Co₃O₄/Co 作为双功能催化剂实现肼辅助电解水制氢是非常有前景的。

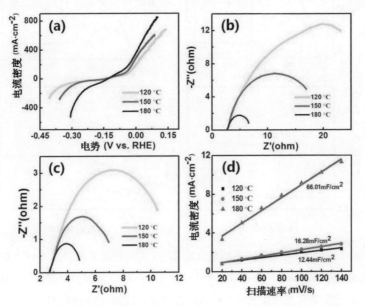

图 4-10　（a）水热温度分别为 120 ℃、150 ℃、180 ℃时 Co₃O₄/Co 的手动 IR 补偿后的极化曲线；（b）、（c）不同水热温度下的析氢反应和水合肼氧化反应的 Nyquist 曲线，分别在 1 mol · L⁻¹ KOH 和 0.3 mol · L⁻¹ N₂H₄ · H₂O 溶液中 –200 mV、250 mV（vs RHE）的过电位下测试获得；（d）在 1.0 mol · L⁻¹ KOH 中，不同扫描速率记录的循环伏安曲线数据得到 Co₃O₄/Co 的 Cd

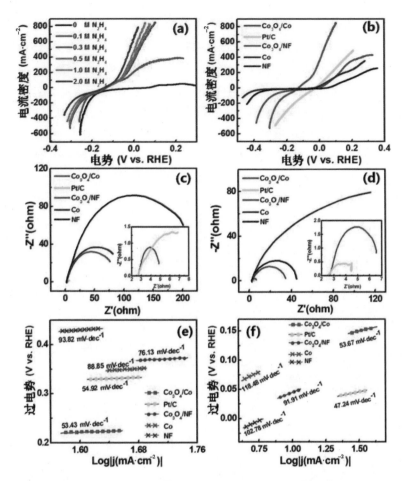

图 4-11 （a）0.1～0.5 M 不同肼含量 Co_3O_4/Co 的极化曲线；（b）Co_3O_4/Co、Pt/C、Co_3O_4/NF、Co、NF 在含 0.3 mol·L^{-1} N_2H_4·H_2O 的碱性介质中的极化曲线；（c、d）水合肼氧化反应和析氢反应过电位分别为 250 mV vs RHE 和 200 mV 时的 Nyquist 图；（e、f）分别为水合肼氧化反应和析氢反应的 Tafel 图

图 4-13 所示的 XRD（JCPDS 卡片号：JCPDS：87-0712）以及图 4-14 所示的 XPS 进一步证实了 Co_3O_4/NF 的合成。图 4-15 给出了 Co_3O_4/Co 在没有肼的情况下对 OER 和 HER 的催化活性。此外，为了进一步说明 Co 泡沫与 Co_3O_4 之间存在协同效应，我们在玻碳电极（GCE）上合成了 Co_3O_4 催化剂（定义为 Co_3O_4/GCE）进行比较。从图 4-16 中 Co_3O_4/Co、Co_3O_4/GCE 和 Co 对含 0.3 mol·L^{-1} 肼的碱性溶液的 IR 补偿后的 LSV 极化曲线中，可以观察到几个明显的趋势：（1）HER 的活性遵循以下顺序：Co_3O_4/Co>Co_3O_4/GCE>Co。（2）在 0～320 mA·cm^{-2}

范围内，HzOR 活性的趋势（1）仍然有效。然而，在更高的电流密度下，这一趋势不再成立。Tafel 图也显示在图 4-17 中。因此，可以证明，微条状 Co₃O₄ 与 Co 泡沫的协同作用促进了催化性能的提高。

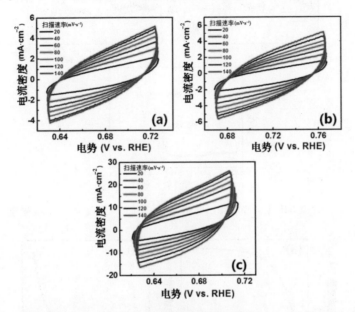

图 4-12　在不同水热温度下 Co₃O₄/Co 的循环伏安曲线：（a）120 ℃,（b）150 ℃和（c）180 ℃,在 1 mol·L⁻¹ KOH 溶液中的非法拉第电位区域内获得,扫描速率从 20 到 140 mV·s⁻¹

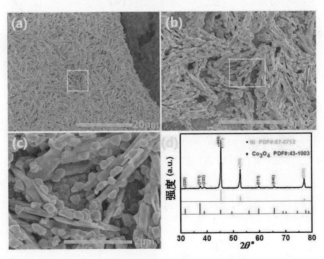

图 4-13　（a、b、c）Co₃O₄/NF 的扫描电子显微镜图像；（d）Co₃O₄/NF 的 X 射线粉末衍射谱图

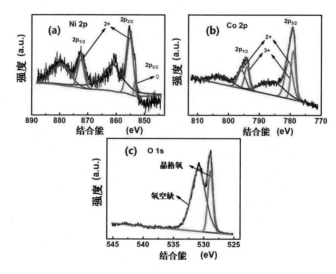

图 4-14　Co₃O₄/NF（a）Ni 2p,（b）Co 2p 和（c）O 1s 的 X 射线光电子能谱

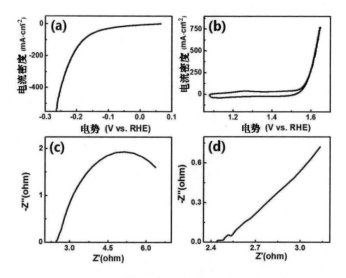

图 4-15　（a）析氢反应和（b）析氧反应在不含肼的 1 mol · L⁻¹ KOH 中 Co₃O₄/Co
IR 补偿的极化曲线（c）、（d）析氢反应和析氧反应分别在 1 mol · L⁻¹ KOH 无肼时的
Nyquist 图

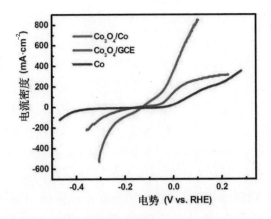

图 4-16　Co₃O₄/Co、Co₃O₄/GCE 和 Co 在含 0.3 mol · L⁻¹ N₂H₄ · H₂O 的
1 mol · L⁻¹ KOH 溶液中手动 IR 补偿后的极化曲线

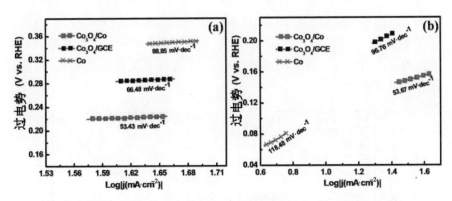

图 4-17　Co₃O₄/Co、Co₃O₄/GCE 和 Co 在含 0.3 mol · L⁻¹ N₂H₄ · H₂O 的
1 mol · L⁻¹ KOH 溶液中水合肼氧化反应和析氢反应相应的 Tafel 图

　　电化学活性面积（ECSA）的大小直接决定了催化过程中是否有更多的活性位点。高活性位点往往带来优异的催化性能，因此大的 ECSA 一直是研究人员所追求的。我们用不同扫描速率的 CV 曲线来拟合实验材料 Cdl 的大小。可以看出，图 4-18（a）中 Co₃O₄/Co 的 Cdl 最大，说明其 ECSA 最大，催化活性位点丰富，有效地促进了 HzOR 过程。综上所述，HzOR 和 HER 优异的性能可能有两个原因：（1）其独特的形貌，具有更多的电化学面积和暴露的活性位点，促进了电解液和气体的快速扩散。（2）催化剂中微条 Co₃O₄ 与 Co 的协同作用加速了电荷转移，Rct 较低。出色的稳定性也是一个重要的指标。经过 500 次和 1 000 次的 CV 测试，图 4-18（b）中极化曲线与初始曲线的差异几乎可以忽

略不计。并利用计时安培技术对电催化剂的电化学稳定性进行了研究。图 4-18（c）展示了 20 h 耐久性测试。经过长时间阳极电解后，催化电流较开始时的 200·mA cm^{-2} 有所降低。产生这一现象的原因可以合理地归结为：第一，在较高的电流密度下操作时，电极表面的气泡释放行为是剧烈的，阻止了电极与电解液的接触。第二，随着催化反应的进行，水合肼会不断被消耗，所以电解液中水合肼的浓度会越来越少。法拉第效率（FE）是 HzOR 的另一个重要指标，用来反映带电电荷的利用情况。使用排水集气方法收集电极上的气体。在图 4-18（d）中，通过对比 HzOR 中气体生成的实验量化值和理论计算值，FE 接近 100%。

稳定性测试后 Co$_3$O$_4$/Co 的 SEM 图像如图 4-19（a）~（c）所示。可以看到，经过 20 h 的阳极稳定性测量后，Co$_3$O$_4$/Co 的形貌发生了轻微的变化。此外，图 4-19（d）也对 Co$_3$O$_4$/Co 的 XRD 进行了测试。从 XRD 谱图上看，经稳定性测试，该催化剂的活性物质仍为 Co$_3$O$_4$。此外，与图 4-20 稳定性测试前对应的 XPS 光谱相比，由于电化学还原，材料表面的 Co^{2+} 和 Co^{3+} 的比例增加，同时，可能由于材料浸没在 KOH 中，氧空位明显增加。

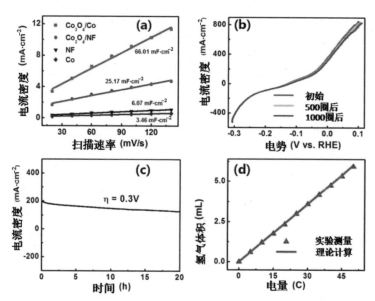

图 4-18 （a）Co$_3$O$_4$/Co、Co$_3$O$_4$/NF、Co 和 NF 的 Cdl；（b）Co$_3$O$_4$/Co 在测试 500 次和 1 000 次循环伏安前后的极化曲线；（c）过电位为 0.3 V 时 Co$_3$O$_4$/Co 的计时安培曲线；（d）法拉第效率测试

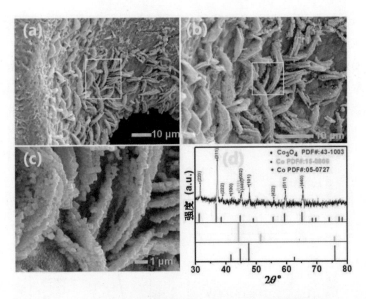

图 4-19　(a、b、c) Co₃O₄/Co 稳定性试验后的扫描电子显微镜图像；(d) 稳定性测试后 Co₃O₄/Co 的 X 射线粉末衍射谱图

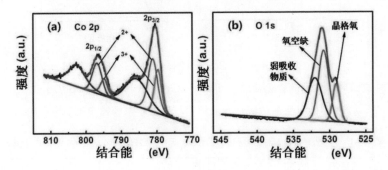

图 4-20　(a) Co 2p (b) O 1s 稳定性试验后 Co₃O₄/Co 的 X 射线光电子能谱

随后,将 Co₃O₄/Co 同时作为阴极和阳极用于双电极电解池。图 4-21 (a) 说明了在含 $0.3\ mol\cdot L^{-1}\ N_2H_4\cdot H_2O$ 的碱性介质中,配对的 Co₃O₄/Co 电极的电位响应(无 iR 补偿)。只需要 1 V 的电池电压就可以提供 $764\ mA\cdot cm^{-2}$。此外,经过 1 000 次 CV 测试后,LSV 曲线的差异可以忽略不计(图 4-21 (b))。耐久性试验也在图 4-21 (c) 中进行了研究。20 h 后,Co₃O₄/Co 基本保持在较高的电流密度。为了比较,我们还制作了以 Co₃O₄/Co 为阳极和阴极的双电极碱性水电解槽($1\ mol\cdot L^{-1}$ KOH 不含肼)。如图 4-21 (d) 中的红线所示,分别需要 1.70 V 和 1.83 V 才能提供 $50\ mA\cdot cm^{-2}$ 和 $100\ mA\cdot cm^{-2}$,需要 1.98 V 才能提

供 200 mA·cm^{-2}。图中的黑线显示在含 0.3 mol·L^{-1} 肼的碱性介质中，$Co_3O_4/Co\|Co_3O_4/Co$ 具有优异的电催化性能。驱动 100 mA·cm^{-2}，仅需要 0.19 V，这优于最近报道的最先进的无贵金属电催化剂（见表 4-2）。在 100 mA·cm^{-2} 时，含肼的碱性水电解槽电池电压比碱性水电解槽低 1.64 V。因此，这种替代方法是一种非常有效的低能耗制氢策略。

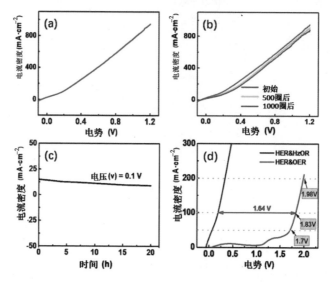

图 4-21　（a）$Co_3O_4/Co\|Co_3O_4/Co$ 无 IR 补偿的极化曲线；（b）测试 500 次和 1 000 次循环伏安后的极化曲线；（c）0.1 V 槽电压下 $Co_3O_4/Co\|Co_3O_4/Co$ 的计时安培曲线；（d）含肼的碱性水电解槽和碱性水电解槽中电池电压的比较

表 4-1　含肼的碱性溶液下 Co_3O_4/Co 与 HzOR 催化剂催化活性的比较

材料	电解液	塔菲尔斜率 [mV·dec^{-1}]	电流密度	参考文献
Co_3O_4/Co	0.3 mol·L^{-1} N_2H_4, 1 mol·L^{-1} KOH	53.43	50 mA·cm^{-2} at -0.11 V（vs.RHE）200 mA·cm^{-2} at -0.032 V（vs.RHE）300 mA·cm^{-2} at -0.014 V（vs.RHE）	This work
NiS_2/TiM	0.5 mol·L^{-1} N_2H_4, 1 mol·L^{-1} KOH	22	300 mA·cm^{-2} at 0.218 V（vs.RHE）	42
$CoSe_2/NF$	0.5 mol·L^{-1} N_2H_4, 1 mol·L^{-1} KOH	—	100 mA·cm^{-2} at 0.17 V（vs.RHE）	43

续表

材料	电解液	塔菲尔斜率 [mV · dec⁻¹]	电流密度	参考文献
Ni（Cu）/ NF	0.5 mol · L⁻¹ N₂H₄, 1 mol · L⁻¹ KOH	51.2	50 mA · cm⁻²at 0.038 V（vs.RHE）100 mA · cm⁻² at 0.086 V（vs.RHE）300 mA · cm⁻² at 0.260 V（vs.RHE）	46
Cu-Ni/CuF	3% N₂H₄, 5.5 mol · L⁻¹ KOH	—	14.3 mA · cm⁻² at -0.58 V（vs.Ag/AgCl）	166
NiCo	0.1 mol · L⁻¹ N₂H₄, 1 mol · L⁻¹ KOH	—	36 mA · cm⁻² at 0.1 V（vs. RHE）	167
Ni₈₀Fe₂₀ /PEI- rGO₁₀∶₁	0.1 mol · L⁻¹ N₂H₄, 0.15 mol · L⁻¹ NaOH	—	57 mA · cm⁻² at 0.5 V（vs. SCE）	168
Ni₀.₄₃Cu₀.₅₇/ Cu	0.1 mol · L⁻¹ N₂H₄, 3 mol · L⁻¹ KOH	—	300 mA · cm⁻² at –0.6 V（vs.SCE）	169
Ni₀.₆Co₀.₄	0.5 mol · L⁻¹ N₂H₄, 3 mol · L⁻¹ KOH	—	292 mA · cm⁻² at –0.85 V（vs.SCE）	170
Ni₂P/NF	0.5 mol · L⁻¹ N₂H₄, 1 mol · L⁻¹ KOH	55	200 mA · cm⁻² at 0.018 V（vs.RHE）	171
Ni-NSA	0.5 mol · L⁻¹ N₂H₄, 3 mol · L⁻¹ KOH	—	227.6 mA · cm⁻² at 0.25 V（vs.RHE）	172
3D-PNNF	0.5 mol · L⁻¹ N₂H₄, 3 mol · L⁻¹ KOH	—	198.6 mA · cm⁻² at 0.25 V（vs.RHE）	173
NPA- NiCuP	5 mol · L⁻¹ N₂H₄, 1 mol · L⁻¹ KOH	—	51.44 mA · cm⁻² at 0.36 V（vs.SCE）	174
NiB/NF	0.1mol · L⁻¹ N₂H₄, 1 mol · L⁻¹ NaOH	—	340 mA · cm⁻² at 0.30 V（vs.RHE）	175
CoS₂/TiM	0.1 mol · L⁻¹ N₂H₄, 1 mol · L⁻¹ KOH	48	100 mA · cm⁻² at 0.125 V（vs.RHE）	176

表 4-2　碱性溶液下 HzOR 和 HER 无贵金属催化剂电池电压的比较

电极	电解液	电池电压	参考文献
$Co_3O_4/Co \parallel Co_3O_4/Co$	$0.3\ mol \cdot L^{-1}\ N_2H_4$, $1\ mol \cdot L^{-1}\ KOH$	$0.23\ V\ for\ 100\ mA \cdot cm^{-2}$	This work
$NiS_2/TiM \parallel NiS_2/TiM$	$0.5\ mol \cdot L^{-1}\ N_2H_4$, $1\ mol \cdot L^{-1}\ KOH$	$0.75\ V\ for\ 100\ mA \cdot cm^{-2}$	42
$CoSe_2/NF \parallel CoSe_2/NF$	$0.5\ mol \cdot L^{-1}\ N_2H_4$, $1\ mol \cdot L^{-1}\ KOH$	$0.164\ V\ for\ 100\ mA \cdot cm^{-2}$	43
$Ni（Cu）/NF \parallel Ni（Cu）/NF$	$0.5\ mol \cdot L^{-1}\ N_2H_4$, $1\ mol \cdot L^{-1}\ KOH$	$0.41\ V\ for\ 100\ mA \cdot cm^{-2}$	46
$Cu_3P/CF \parallel Cu_3P/CF$	$0.5\ mol \cdot L^{-1}\ N_2H_4$, $1\ mol \cdot L^{-1}\ KOH$	$0.72\ V\ for\ 100\ mA \cdot cm^{-2}$	165
$Ni_2P/NF \parallel Ni_2P/NF$	$0.5\ mol \cdot L^{-1}\ N_2H_4$, $1\ mol \cdot L^{-1}\ KOH$	$0.45\ V\ for\ 100\ mA \cdot cm^{-2}$	171
$CoS_2/TiM \parallel CoS_2/TiM$	$0.1\ mol \cdot L^{-1}\ N_2H_4$, $1\ mol \cdot L^{-1}\ NaOH$	$0.81\ V\ for\ 100\ mA \cdot cm^{-2}$	176

4.4　本章小结

　　综上所述,我们通过简单的一步水热法合成了由微小纳米立方体组装在商用 Co 泡沫上的微条状 Co_3O_4。大孔的 Co 泡沫基底和微条状 Co_3O_4 特有的形貌使该体系具有较低的 Rct、更多的电化学面积、暴露的活性位点和丰富的氧空缺,促进气体的快速释放和离子的迁移。这种协同作用使 Co_3O_4/Co 在碱性介质中以 HzOR 取代 OER,成为一种优良的制氢电催化剂。其中,在具有良好室温稳定性的双电极电解槽中,只需要 1 V 的超小电池电压就可以产生 764 mA · cm^{-2} 的电流密度,并可获得 100% 的法拉第析氢效率。本工作不仅证明了 Co_3O_4/Co 对 HzOR 的催化性能,而且为肼辅助制氢提供了新的指导。

第 5 章　Co$_x$P@Co$_3$O$_4$ 纳米复合材料高效催化肼分解制氢

5.1　引　言

随着化石燃料的日益枯竭和随之而来的环境恶化,探索清洁、可持续的候选能源已成为全球关注的焦点[177,178]。氢能由于其高能量密度和不产生温室气体的特点,引起了人们的极大兴趣[19,179]。近年来,在各种制氢方法中,电催化水分解(Electrochemical Water Splitting, EWS)已被广泛认为是将其他可持续能源产生的电能转化为氢的最具吸引力和最有效的方法[138,180]。水分解(Overall Water-Splitting, OWS)过程包括两个缓慢的半电池反应,即阴极析氢反应(HER)和阳极析氧反应(OER)[20,181]。然而,与 HER 的双电子转移途径相比,OER 的四电子转移过程则需要更高的电位,这被认为是 EWS 的瓶颈[182,183]。众所周知,作为 OER 催化剂基准的铱基或钌基金属氧化物,其成本高、丰度低,严重制约了其商业应用[184,185]。因此,开发低成本、高活性、储量丰富和良好稳定的 OER 催化剂迫在眉睫。由于过渡金属基(Co, Ni, Fe, Mn 等)氧化物 / 氢氧化物涵盖了上述所有特性,它们被认为是有希望取代贵金属基催化剂的候选物[69,186-192]。

近年来,科研人员发现用甲醇[193-195]、乙醇[196-198]、尿素[199-203]、肼[44, 165,176,204-207]等更利于氧化的物质替代缓慢的水氧化,是一种节能制氢的新途径。在这些物质中,由于肼氧化反应(HzOR)过程具有较低的理论分解电位（-0.33 Vvs. RHE），并且产物（N_2 和 H_2）防爆[208]，因此 HzOR 协助 EWS 被认为是一种环保、高效节能的制氢策略[41,171,209-213]。近十年来，各种过渡金属基的双功能电催化剂被设计用于 HER 和 HzOR，包括过渡金属氧化物，合金，氢氧化物[214-217]，氮化物，磷化物和硫化物[212,218-220]。其中，过渡金属基磷化物因其良好的电导性而具有优异的电催化性能，受到人们的广泛关注。例如，Sun 等人在泡沫镍上合成了一种双功能 Ni_2P 纳米阵列催化剂，该催化剂对 HER 和 HzOR 表现出优越的催化活性[171]。此外，Sun 等人还在 Ti 网上开发了 CoP 纳米阵列[209]，在泡沫镍上开发了 FeP 纳米片阵列[205]，这些均具有高效的 HzOR 催化活性。Zhao 等人开发了一种纳米管状 Ni（Cu）合金，对 HER 和 HzOR 均具有良好的催化活性[207]。Hou 的研究小组在碳多面体上合成了一种新型的混合电催化剂，由 N 掺杂碳纳米管包裹的 CoP 纳米粒子组成，具有显著的 HER 和 HzOR 性能[204]。

尽管有了这些进展，但在双电极系统中，仍然需要相对较高的电池电压来提供高电流密度（100 mA cm^{-2}，200 mA cm^{-2}）。因此，制备具有优异 HER 和 HzOR 性能的双功能催化电极用于 HzOR 辅助节能制氢仍然是一个巨大的挑战。根据以往的报道，提高催化剂性能的关键是增强活性位点的本征活性和密度，提高导电性，优化 H 的吸附/解吸强度，比如优化催化剂结构[221]，与导电基底耦合[222,223] 和杂原子掺杂[211,213,214]。此外，构建纳米复合材料也被认为是提高催化性能的有效方法，这归因于各组分之间的协同作用[172]。此外，据我们所知，含有 Co_2P 和 CoP 的磷化钴纳米复合材料，在碱性条件下将 HER 与 HzOR 结合用于节能制氢的研究很少报道。与单一 Co_2P 或 CoP 相比，混合相 Co 基磷化物由于 Co_2P 和 CoP 的协同作用而表现出更高的电催化性能。更重要的是，结构简单、性能优良的催化剂在实验合成中具有很大的优势，对其机理的了解为今后开发新型高效电催化剂提供了有价值的参考。

基于以上考虑，我们设计了一步水热法结合低温磷化的方案，成功地在泡沫钴上原位生长了草状和块状 $Co_xP@Co_3O_4$ 纳米复合材料双功能催化剂（记为 P-Co_3O_4/Co）。然后，通过实验研究了合成的复合材料对 HER 和 HzOR 的电催化性能，与前驱体材料 Co_3O_4 相比，其电催化性能显著提高。XRD 谱图、TEM 图像和 DFT 计算结果表明，P-Co_3O_4/Co 优异的催化性能源于 Co_3O_4、Co_2P 和 CoP 混合相的共存以及非晶区的存在,这可以提供催化剂的金属特征表面,优化氢吸附的自由能,改变相对于原始 Co_3O_4 脱氢过程的自由能变化。此外,作为导电载体的三维 Co 泡沫能够提供更大的比表面积以及更快的电荷 / 物质传输。由于 Co_2P/CoP 和 Co 泡沫的协同作用,无论是在低电流密度区还是在高电流密度区,制备的 Co_3O_4/Co 对 HER 和 HzOR 的催化活性都优于纯相 Co_3O_4/Co。具体来说,对于 HzOR, $P-Co_3O_4/Co$ 分别需要 -100 mV、-83 mV 和 -22 mV 的电位,以驱动 0.3 $mol \cdot L^{-1}$ $N_2H_4 \cdot H_2O$ +1 $mol \cdot L^{-1}$ KOH 中 10 $mA \cdot cm^{-2}$、200 $mA \cdot cm^{-2}$ 和 800 $mA \cdot cm^{-2}$ 的电流密度。对于 HER 来说, $P-Co_3O_4/Co$ 需要超过电位 106 mV 和 129 mV 便能达到 10 $mA \cdot cm^{-2}$ 和 200 $mA \cdot cm^{-2}$ 的阴极电流密度。此外,在双电极电解系统中,室温下只需 1 V 的超低电池电压就可以提供 948 $mA \cdot cm^{-2}$,这优于贵金属催化剂体系和已报道的无贵金属电催化剂。$P-Co_3O_4/Co$ 对 HER 和 HzOR 具有优异的电催化性能,是一种具有双功能的节能电催化剂。

5.2　催化电极的制备

5.2.1 $P-Co_3O_4/Co$ 催化剂的制备

首先,采用我们之前报道的 [72] 方法,经过适当的改性,在泡沫钴上制备 Co_3O_4 催化剂。在一个典型的过程中:用丙酮和 3 $mol \cdot L^{-1}$ HCl 依次对一块 3 $cm \times 2$ cm 的 Co 泡沫进行 15 min 的超声处理。此工艺可去除表面残留的油和氧化物。同时,将 0.878 g $Co(NO_3)_2 \cdot 6H_2O$ 溶于 60 mL 去离子水中,强力搅拌 30 min,加入清洗干净的 Co 泡沫。随后,将混合物转移到 100 mL 聚四氟乙烯衬里的不锈钢高压釜中,在 180 ℃ 下加热 20 h,以获得原始的 Co_3O_4/Co。自然冷却至室温后,依次用去离子水和乙醇清洗,60 ℃ 烘干过夜。第二步是制备 $P-Co_3O_4/Co$ 样品。将 Co_3O_4/Co 前驱体放置在石英舟的下游,将 0.1 g 次磷酸钠分别放置在石英舟的另一侧。随后,在氩气气氛下,在双温区管式炉中进行磷化反应,反应温度为 300 ℃,升温速率为 2 ℃·min^{-1},反应时间为 1.5 h。然后自然冷却至室温,得到了 $P-Co_3O_4/Co$。经精确测量, $P-Co_3O_4/Co$ 的负载量为 7.2 $mg \cdot cm^{-2}$。为了进行比较,还制备了 Co 泡沫电极和 Pt/C

电极。首先,将 14.4 mg Pt/C 和 0.02 mL Nafion 溶液(5 wt %)分散到乙醇(0.48 mL)中。其次,将溶液进行超声处理 30 min,形成均匀的悬浮液,然后将 50 μL 的催化剂墨水滴在几何表面积为 0.2 cm^2 的电极上。负载量约为 7.2 mg·cm^{-2}。

5.2.2 P-Co$_3$O$_4$/(x/y)粉末催化剂的制备

此外,为了消除磷化后泡沫钴基底衍射峰与最终产物衍射峰重合的干扰。采用同样的水热法制备一系列不含 Co 泡沫的 Co$_3$O$_4$ 粉末,然后在管式炉中煅烧。不同的 Co$_3$O$_4$/NaH$_2$PO$_2$ 重量比记为 x/y。为方便起见,最终产物记为 P-Co$_3$O$_4$/(x/y)。

5.3　理论计算方法

密度泛函理论(DFT)的计算使用 Vienna Ab Initio Simulation Package(VASP)。利用 Projector Augmented Wave(PAW)方法处理核电子态。采用广义梯度近似(GGA)和 Perdew-Burke-Ernzerhof(PBE)泛函模拟电子交换和相关相互作用。采用截止能量为 400 eV 的平面波基进行结构优化。为了更好地描述 Co 三维电子,我们采用了 GGA+U 方法,其中现场有效库仑相互作用 U 和交换相互作用 J 分别设置为 3.0 eV 和 1.0 eV。采用 20 Å 的真空层来避免相邻板之间的相互作用。所有原子都处于弛缓状态,直到每个原子上的赫尔曼 - 费曼力小于 0.01 eV/Å。体系和表面系统分别采用 9×9×5 和 9×9×1 的网格。所有的 DFT 计算都考虑了 Grimme 的 DFT- d2 方法的范德华相互作用。这里,Co$_3$O$_4$(001)、CoP(100)和 Co$_2$P(001)表面分别被建模为活性表面。

5.4　实验结果与讨论

　　P-Co$_3$O$_4$ /Co 的合成采用简单的两步法，如图 5-1 所示。首先，采用水热法在多孔导电 Co 泡沫上制备了草状和块状阵列 Co$_3$O$_4$ 前驱体。然后通过 NaH$_2$PO$_2$ 热分解的低温蒸汽磷化法将磷元素引入 Co$_3$O$_4$ 前驱体的晶格中。最后得到了 P-Co$_3$O$_4$ /Co 电极。

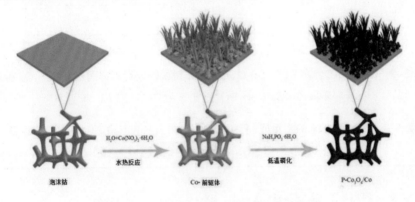

　　　　　　　　　H$_2$O+Co(NO$_3$)$_2$·6H$_2$O　　　　　　　NaH$_2$PO$_2$·6H$_2$O

　　　　　水热反应　　　　　　　　　　　　低温磷化

泡沫钴　　　　　　　　　　　　Co- 前驱体　　　　　　　　　　P-Co$_3$O$_4$/Co

图 5-1　P-Co$_3$O$_4$/Co 的制备方法示意图

　　为了确定其相结构和化学成分，进行了 X 射线衍射（XRD）分析。从图 5-2（a）可以看出，原始 Co$_3$O$_4$/Co 中位于 31.30°、36.8°、44.8°、59.30° 和 65.2° 的衍射峰分别位于 Co$_3$O$_4$ 相（JCPDS No.43-1003）的（220）、（311）、（400）、（511）和（440）面。其余的峰在 44.2°、44.8°、47.5°、51.5° 和 75.8°，与标准单质 Co 相（JCPDS 15-0806 和 05-0727）的（111）、（002）、（101）、（200）和（220）面一致。蒸汽磷化后，P-Co$_3$O$_4$ /Co 与 Co$_3$O$_4$/Co 的 XRD 图谱基本一致。然而，这并不意味着最终产品中没有磷化钴。根据以前的报告[224-226]，磷化钴的一些衍射峰与泡沫钴基底的衍射峰重合。同时，为了消除 XRD 谱图中基底噪声的影响，采用同样的水热法制备了不含 Co 泡沫基底的 Co$_3$O$_4$ 粉末，不同 Co$_3$O$_4$/ NaH$_2$PO$_2$ 重量比（记为 x/y），并在管式炉中煅烧。为方便起见，最终产物记为图 5-2（b）所示的 P-Co$_3$O$_4$/（x/y）。结果表明，随着 NaH$_2$PO$_2$ 用量的增加，磷化样品除了主体的 Co$_3$O$_4$ 相外，还存在多种 Co 形态，包括

CoP、Co$_2$P 和 CoO。当 Co$_3$O$_4$ 与 NaH$_2$PO$_2$ 的质量比大于 1/2 时，CoP、Co$_2$P 和 CoO 的峰值强度逐渐增大，而 Co$_3$O$_4$ 的峰值强度逐渐减小，表明磷化处理对 Co-P 桥接的形成是有效的。同时，较宽的峰表明颗粒尺寸较小，并有一定程度的非晶化。为了便于比较，表 5-1 中也总结了相组成。

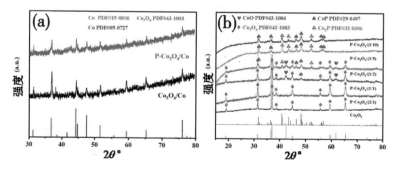

图 5-2　（a）Co$_3$O$_4$/Co 和 P-Co$_3$O$_4$/Co 的 X 射线粉末衍射谱图；（b）Co$_3$O$_4$ 粉末和不同 Co$_3$O$_4$/NaH$_2$PO$_2$ 配比下的 P-Co$_3$O$_4$/（x/y）

表 5-1　Co$_3$O$_4$ 粉末的相组成：P-Co$_3$O$_4$/（2/1），P-Co$_3$O$_4$/（1/1），P-Co$_3$O$_4$/（1/2），P-Co$_3$O$_4$/（1/5），P-Co$_3$O$_4$/（1/10）

Phase & JCPDS	Co$_3$O$_4$	CoO	CoP	Co$_2$P
	43-1003	43-1004	29-0497	32-0306
Co$_3$O$_4$	√			
P-Co$_3$O$_4$/（2/1）	√			
P-Co$_3$O$_4$/（1/1）	√	√	√	
P-Co$_3$O$_4$/（1/2）	√	√	√	√
P-Co$_3$O$_4$/（1/5）			√	√
P-Co$_3$O$_4$/（1/10）			√	√

反应机理为[227]：

$$Co(NO_3)_2 \rightarrow Co_3O_4 + NO_2(\uparrow) + O_2 \qquad (1)$$

$$NaH_2PO_2 \rightarrow PH_3(\uparrow) + NaHPO_4 \qquad (2)$$

$$Co_3O_4 + PH_3 \rightarrow CoO + CoP + Co_2P + H_2O(\uparrow) + H_3PO_4 \qquad (3)$$

此外，根据 Co$_3$O$_4$/Co（6.0 mg·cm^{-2}）的质量负载、水热合成泡沫钴（3 cm×2 cm）的表面积和磷化过程中 NaH$_2$PO$_2$ 的用量（0.1 g），可以计算出 Co 泡沫上 Co$_3$O$_4$（36 mg）与 NaH$_2$PO$_2$（0.1 g）的重量比为

1∶2.78,介于1∶2 ~ 1∶5之间。因此,结合上述 XRD 谱图,可以推断磷化后 Co$_3$O$_4$/Co 的最终产物为 Co$_3$O$_4$、CoP 和 Co$_2$P。

　　为了验证我们推断的正确性,用扫描电子显微镜(SEM)和透射电子显微镜(TEM)对合成样品的形貌和结构进行了表征。如图 5-3 (a)和 5-3 (b)所示,在三维多孔 Co 泡沫基底上成功制备了 Co$_3$O$_4$/Co 前驱体,其微观结构为不规则排列的草状结构,并伴有大量的块状结构。对比 Co$_3$O$_4$/Co 前驱体的形貌,可以看到,磷化处理后,原始的草状阵列结构保持良好,如图 5-3 (d)所示,图 5-3 (e)和图 5-4 证实了在实验条件下,我们采用的磷化方法并没有破坏 Co$_3$O$_4$/Co 前驱体原有的晶体结构。大量研究表明,这种分层的形态结构有利于传质,并具有高度暴露的活性位点,这对提高 P-Co$_3$O$_4$/Co 的催化性能有显著的好处[228]。图 5-3 (c)和 5-3 (f)分别为 Co$_3$O$_4$/Co 和 P-Co$_3$O$_4$/Co 的高分辨率 TEM (HRTEM)图像。从图 5-3 (c)中可以看出,在 Co$_3$O$_4$ 的(311)平面上发现了面间距为 0.240 nm 的晶格条纹,这与 XRD 结果很好地吻合 [图 5-2 (a)]。由图 5-3 (f)可以看出, Co$_3$O$_4$ 的(222)面、Co$_2$P 的(121)面和 CoP 的(112)面分别具有明显的 0.235、0.221 和 0.194 nm 的晶格间距,且这些晶格之间存在非晶区。单个 P-Co$_3$O$_4$/Co 纳米线对应的能量色散 X 射线(EDX)元素映射清楚地显示了 O、P、Co 元素的存在和均匀分布,如图 5-3 (g) ~ (j)所示。

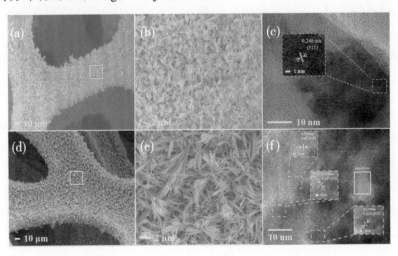

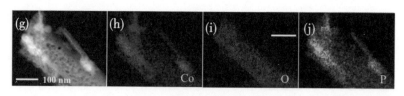

图 5-3 （a ~ c）Co₃O₄/Co 的扫描电子显微镜图像和高分辨率透射电子显微镜图像；（d ~ f）P-Co₃O₄/Co 的扫描电子显微镜图像和高分辨率透射电子显微镜图像；P-Co₃O₄/Co 的（g ~ j）透射电子显微镜及其对应的元素映射图

图 5-4 SEM 图像：（a）Co₃O₄/Co 和（b）P-Co₃O₄/Co

此外，我们还对磷化后的 Co₃O₄ 粉末进行了 TEM 测量。P-Co₃O₄/（1/2）和 P-Co₃O₄/（1/5）的 TEM 图像显示在图 5-5（d）~（f）和图 5-5（g）~（i）中。从图 5-5（d）和图 5-5（g）中可以看出，P-Co₃O₄/（1/2）和 P-Co₃O₄/（1/5）经过磷化后呈现出与 Co₃O₄/Co 相似的形貌 [图 5-5（a）]，这与 SEM 结果相似。因此，也可以间接证实 Co₃O₄ 粉末的磷化规律与 Co 泡沫上生长的 Co₃O₄ 的磷化规律相同。同时，这些纳米线中也存在一些介孔 [图 5-5（e）和图 5-5（h）]。磷化程度越高，纳米线介孔越多。这些介孔是由 P 与 O 的交换过程引起的体积收缩效应引起的。此外，HRTEM 图像显示了结晶 CoP 与 Co₂P 共存，P-Co₃O₄/（1/5）的非晶区存在。此外，从 P-Co₃O₄/（1/2）、P-Co₃O₄ 和 P-Co₃O₄/（1/5）的选区电子衍射（SAED）图中可以看出，随着 NaH₂PO₂ 添加量的增加，样品的结晶度变得更好，如图 5-6 所示，这与 HRTEM 图像一致。结合 XRD、EDX 和 TEM 等分析结果，可以得出 Co-P 桥接的结论。

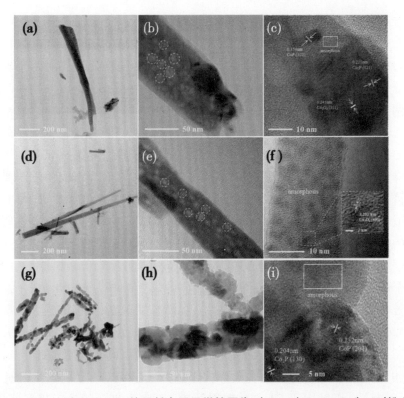

图 5-5 （a～c）P-Co$_3$O$_4$ 的透射电子显微镜图像；（d～f）P-Co$_3$O$_4$/（1/2）粉末；
（g～i）P-Co$_3$O$_4$/（1/5）粉末

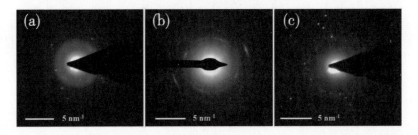

图 5-6 （a）P-Co$_3$O$_4$/（1/2）粉末；（b）P-Co$_3$O$_4$；（c）P-Co$_3$O$_4$/（1/5）粉末的
选区电子衍射图谱

为了进一步证实上述假设，我们利用 XPS 谱来探究元素组成和化学价态。图 5-7（a）为全谱分析，显示 Co、O、P 元素共存。这与 EDX 的结果完全一致。对于 P-Co$_3$O$_4$/Co，分别在 129.9 eV 和 187.9 eV 附近出现了两个新的弱峰，这也证明了 Co-P 键的成功形成。图 5.7（b）和 5.7（c）分别给出了 P-Co$_3$O$_4$ 的 Co 2p、O 1s 和 P 2p 的高分辨光谱。在

Co 2p 区域,有 Co 2p3/2(778.2、780.8 和 782.9 eV)和 Co 2p1/2(793.3、797.3 和 800.1 eV)。其中,在 778.2 eV 和 793.3 eV 左右的两个特征峰表明了 Co-P 键的存在,被认为是 HER 的助推器。Co^{2+} 的两个典型峰分别位于 782.9 eV 和 800.1 eV 左右,表明存在氧化的 Co 物质。另外两个结合能为 780.8 eV 和 797.3 eV 的峰属于 Co^{3+}。在 784.5 eV 和 803.1 eV 左右观测到的两个卫星峰也可以证明氧化 Co 物质的存在[229]。与 Co_3O_4 中的峰相比,这些峰向更高的结合能移动,表明 Co 的电子密度降低,这在另一项研究中也得到了证实[230]。图 5.7 (d)的 P 2p 光谱也证明了 Co-P 键的存在。在 P 2p 区域,129.5 eV 和 130.5 eV 左右的峰值分别代表了 Co-P 键的 P 2p3/2 和 P 2p1/2。在 133.3 eV 左右观察到的峰值可以归因于 P-O 键[231]。Co_3O_4 中的 O 1s 光谱可分为三个峰:代表晶格氧的第一个峰为 530.3 eV,代表表面羟基和 / 或吸附氧的第二个峰为 531.3 eV,代表表面吸附 H_2O 的第三个峰为 532.4 eV[232]。磷化处理后,P-Co_3O_4/Co 中晶格氧的位置没有发生变化,但其强度明显低于 Co_3O_4/Co,表明 Co-O 中晶格氧被 P 原子部分取代;P-Co_3O_4/Co 中第二个峰强度的增加是由于磷化后 Co^{3+} 的含量下降到较低的价态,这表明 P-Co_3O_4/Co 中氧空位较多。同时,P-Co_3O_4/Co 的第三个峰蓝移(0.3 eV)可以归因于 Co-P 桥接引起的 Co 中心更强的电子相互作用。峰强度的增强表明对 Co_3O_4/Co 的亲水性较 Co_3O_4/Co 有所提高[233]。

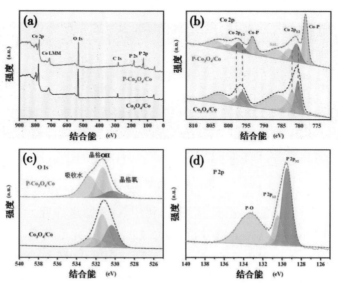

图 5-7 (a)Co_3O_4/Co 和 P-Co_3O_4/Co 的 X 射线光电子能谱;(b ~ d)高分辨的 Co 2p、O 1s 和 P 2p 光谱

　　此外，根据 brunauer - emmet - teller（BET）法和 Barrett-Joyner-Halenda（BJH）模型的氮气吸附解吸等温线，得到了两种催化剂的比表面积和相应的孔结构，如图 5-8 所示。Co$_3$O$_4$ 前驱体的比表面积为 20.33 m^2 · g^{-1}，P-Co$_3$O$_4$ 的比表面积为 6.46 m^2 · g^{-1}。值得注意的是，P-Co$_3$O$_4$ 比 Co$_3$O$_4$ 前驱体的比表面积要小。造成这种变化的原因是低温退火 NaH$_2$PO$_2$ 引起的表面重构可能会使较小的孔洞被阻塞。但对于商用 Co$_3$O$_4$ 粉末，两种催化剂的比表面积都远大于 1.33 m^2 · g^{-1}，其基本以无孔的形式存在[227]。相应的主孔径分布分别集中在 ~2.7 nm 和 ~3.5 nm。大的比表面积和丰富的介孔结构可以提供大量的活性位点，促进更快的电荷 / 物质传输，有利于提高电化学活性。

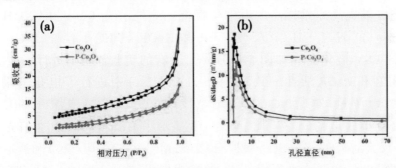

图 5-8　（a）N$_2$ 吸附解吸等温线和（b）对应的 Co$_3$O$_4$/Co 和 P-Co$_3$O$_4$/Co 孔径分布曲线

　　在传统的三电极体系中，分别以 Hg/HgO 和碳棒作为参比电极和对电极，考察了制备的催化剂的电催化 HER 和 HzOR 活性。首先，为了获得最佳的催化效果，研究了不同 NaH$_2$PO$_2$ 用量下对 HER 和 HzOR 进行 iR 补偿的线性扫描伏安法（LSV）极化曲线。由图 5-9 可知，当 NaH$_2$PO$_2$ 的添加量为 0.1 g 时，样品在 1 mol · L^{-1} KOH 和 0.3 mol · L^{-1} N$_2$H$_4$ · H$_2$O 中表现出最佳的 HER 和 HzOR 性能。因此，这个样本被用于下面的分析。同时也考察了 P-Co$_3$O$_4$/Co 在含不同浓度肼的 1 mol · L^{-1} KOH 溶液中对 HzOR 的本征催化性能。如图 5-10（a）所示，可以清楚地看到，在电位范围内，没有肼时，没有检测到阳极电流。而当肼浓度从 0.1 mol · L^{-1} 持续增加到 0.5 mol · L^{-1} 时，阳极电流密度急剧上升，说明 P-Co$_3$O$_4$/Co 样品对 HzOR 的催化活性很高。图 5-10（b）为不同扫描速率下 P-Co$_3$O$_4$/Co 的 LSV 曲线，没有明显变化，说明在 HzOR 过程中电荷 / 物质的快速传输。图 5-11（a），（b）显示的是同样负载量下在

1.0 mol·L^{-1} KOH 和 0.3 mol·L^{-1} N$_2$H$_4$·H$_2$O 中 P-Co$_3$O$_4$/Co、Co$_3$O$_4$/Co、Co 泡沫和 Pt/C 对 HER 和 HzOR 的 IR 校正极化曲线,结果表明,与其他样品相比,P-Co$_3$O$_4$/Co 的电催化性能最好。对于 HzOR,P-Co$_3$O$_4$/Co 需要 −100、−83 和 −22 mV 的电位来驱动 10、200 和 800 mA·cm^{-2} 的阳极电流密度,远优于 Co$_3$O$_4$/Co、Co 泡沫和 Pt/C,也优于最近报道的大多数催化剂(如表 5-2)。同样,对于 HER 来说,P-Co$_3$O$_4$/Co 需要超小过电位 106 和 129 mV,便能达到 10 和 200 mA·cm^{-2} 的阴极电流密度。可以明显看出,P-Co$_3$O$_4$/Co 在高电流密度区域的 HER 催化性能优于其他催化剂。此外,P-Co$_3$O$_4$/Co 对 HER 的催化活性也与目前报道的最先进的电催化剂不相上下(表 5-3)。这些结果表明,磷化处理可以提高原始样品的电催化性能。此外,在 1.0 mol·L^{-1} KOH 和 0.3 mol·L^{-1} N$_2$H$_4$·H$_2$O 下,对 HER 和 HzOR 无 IR 补偿 的 P-Co$_3$O$_4$/Co 的 LSV 极化曲线如图 5-12 所示。所有的实验都至少进行了两次。与 HER 和 HzOR 活性一致,在图 5-11 (c),(d)中进行了电化学阻抗谱(EIS)测量,发现 P-Co$_3$O$_4$/Co 比原始 Co$_3$O$_4$/Co、Co 泡沫和 Pt/C 表现出更小的电荷转移电阻。图 5-13 显示了 HER 和 HzOR 各样品的 EIS 及其对应的等效电路和拟合结果,溶液中的电阻(Rs)和所有接触电阻串联在两个平行元件上,即极化电阻(Rct,1 和 Rct,2)和恒相位元件(CPE,1 和 CPE,2)。Rct,2 和 Rct,1 分别表示电荷转移电阻和固体 / 电解液界面电阻[234-237]。HER 和 HzOR 不同样品的 EIS 参数见表 5-4 和表 5-5。P-Co$_3$O$_4$/Co 的 Rct 最小,表明其电荷传递速度最快,同时也证明了其对 HER 和 HzOR 的电荷转移阻力最小。为了评价上述催化剂在 HER 和 HzOR 过程中的反应动力学,绘制了相应的 Tafel 图。如图 5-11 (e)所示,P-Co$_3$O$_4$/Co 的 Tafel 斜率仅为 16.11 mV·dec^{-1},远小于 Co$_3$O$_4$/Co 前驱体(68.35 mV·dec^{-1})、Co 泡沫(180.21 mV·dec^{-1})和 Pt/C(47.24 mV·dec^{-1})。展示了 HER 快速的动力、较快的电子转移以及催化机理由 Volmer-Heyrovsky 机制向 Volmer-Tafel 机制的变化[238,239]。我们进一步比较了 HzOR 的 Tafel 斜率。从图 5-11 (f)可以看出,P-Co$_3$O$_4$/Co 的 Tafel 斜率最低,为 15.08 mV·dec^{-1},而 Co$_3$O$_4$/Co 前驱体的 Tafel 斜率为 55.11 mV·dec^{-1},Co 泡沫为 81.30 mV·dec^{-1},Pt/C 为 57.21 mV·dec^{-1}。

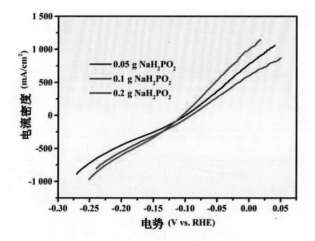

图 5-9 在 1 mol · L^{-1} KOH 和 0.3 mol · L^{-1} N$_2$H$_4$ · H$_2$O 中，不同量 NaH$_2$PO$_2$ 处理 Co$_3$O$_4$/Co 后的极化曲线

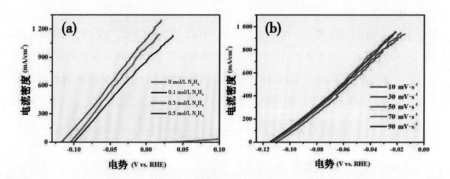

图 5-10 （a）P-Co$_3$O$_4$/Co 在含不同浓度肼的碱性溶液中的极化曲线；（b）不同扫描速率下 P-Co$_3$O$_4$/Co 的极化曲线

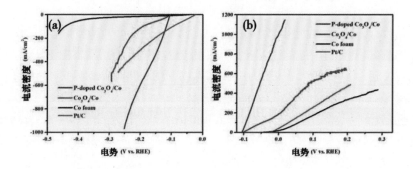

图 5-11 （a）、（b）在含 0.3 mol·L⁻¹ N₂H₄·H₂O 的 1 mol·L⁻¹ KOH 中，P-Co₃O₄/
Co、Co₃O₄/Co、Co 泡沫和 Pt/C 分别对于析氢反应和水合肼氧化反应的极化曲线；
（c）、（d）P-Co₃O₄/Co 的 Nyquist 图；（e）、（f）分别为 P-Co₃O₄/Co 对于析氢反
应 R 和水合肼氧化反应的极化曲线绘制的 Tafel 图

表 5-2 P-Co₃O₄/Co 与最近报道的 HzOR 催化剂的催化活性比较

电极	电解液	塔菲尔斜率 [mV·dec⁻¹]	电流密度 @ 电位	参考文献
P-Co₃O₄/Co	0.3 mol·L⁻¹ N₂H₄, 1 mol·L⁻¹ KOH	15.08	300 mA·cm⁻² at −72 mV（vs.RHE）	This work
NiS₂/TiM	0.5 mol·L⁻¹ N₂H₄, 1 mol·L⁻¹ KOH	22	300 mA·cm⁻² at 218 mV（vs.RHE）	40
Co₃O₄/Co	0.3 mol·L⁻¹ N₂H₄, 1 mol·L⁻¹ KOH	53.43	200 mA·cm⁻² at −32 mV（vs.RHE）	69
Cu₃P/CF	0.5 mol·L⁻¹ N₂H₄, 1 mol·L⁻¹ KOH	60	50 mA·cm⁻² at 149 mV（vs.RHE）	165
Cu-Ni/CuF	3% N₂H₄, 0.5 mol·L⁻¹ KOH	—	14.3 mA·cm⁻² at −580 mV（vs.Ag/AgCl）	166

电极	电解液	塔菲尔斜率 [mV·dec^{-1}]	电流密度 @ 电位	参考文献
NiCo	0.1 mol·L^{-1} N$_2$H$_4$, 1 mol·L^{-1} KOH	—	36 mA·cm^{-2} at 100 mV（vs.RHE）	167
Ni$_{80}$Fe$_{20}$/PEI-rGO$_{10:1}$	0.1 mol·L^{-1} N$_2$H$_4$, 0.015 mol·L^{-1} NaOH	—	57 mA·cm^{-2} at 500 mV（vs.SCE）	168
Ni$_2$P/NF	0.5 mol·L^{-1} N$_2$H$_4$, 1 mol·L^{-1} KOH	55	200 mA·cm^{-2} at 18 mV（vs.RHE）	171
Ni-NSA	0.5 mol·L^{-1} N$_2$H$_4$, 3 mol·L^{-1} KOH	—	227.6 mA·cm^{-2} at 250 mV（vs.RHE）	172
3D-PNNF	0.5 mol·L^{-1} N$_2$H$_4$, 3 mol·L^{-1} KOH	—	198.6 mA·cm^{-2} at 250 mV（vs.RHE）	173
NPA-NiCuP	5 mol·L^{-1} N$_2$H$_4$, 1 mol·L^{-1} KOH	—	51.44 mA·cm^{-2} at 360 mV（vs.SCE）	174
CoS$_2$/TiM	0.1 mol·L^{-1} N$_2$H$_4$, 1 mol·L^{-1} KOH	48	100 mA·cm^{-2} at 125 mV（vs.RHE）	176
Ni（Cu）@NiFeP/NM	0.5 mol·L^{-1} N$_2$H$_4$, 1 mol·L^{-1} KOH	56.6	10 mA·cm^{-2} at 6 mV（vs.RHE）	207
PW-Co$_3$N	0.1 mol·L^{-1} N$_2$H$_4$, 1 mol·L^{-1} KOH	14	200 mA·cm^{-2} at 27 mV（vs.RHE）	211
Cu$_1$Ni$_2$-N	0.5 mol·L^{-1} N$_2$H$_4$, 1 mol·L^{-1} KOH	44.1	50 mA·cm^{-2} at 96 mV（vs.RHE）	212
Fe-CoS$_2$	0.1 mol·L^{-1} N$_2$H$_4$, 1 mol·L^{-1} KOH	—	100 mA·cm^{-2} at 129 mV（vs.RHE）	213
N-NiZnCu LDH/rGO	0.5 mol·L^{-1} N$_2$H$_4$, 1 mol·L^{-1} KOH	20	200 mA·cm^{-2} at 560 mV（vs.RHE）	214
NiFe（OH）$_2$-SD/NF	0.5 mol·L^{-1} N$_2$H$_4$, 1 mol·L^{-1} KOH	62	10 mA·cm^{-2} at 60 mV（vs.RHE）	215
Ni$_{0.6}$Co$_{0.4}$	0.5 mol·L^{-1} N$_2$H$_4$, 3 mol·L^{-1} KOH	—	292 mA·cm^{-2} at −850 mV（vs.SCE）	216
Ni-Co-Se	0.1 mol·L^{-1} N$_2$H$_4$, 1 mol·L^{-1} KOH	88	300 mA·cm^{-2} at 400 mV（vs.RHE）	219
Ni$_{0.5}$Co$_{0.5}$Se$_2$/CC	0.5 mol·L^{-1} N$_2$H$_4$, 1 mol·L^{-1} KOH	—	50 mA·cm^{-2} at 8 mV（vs.RHE）	220

电极	电解液	塔菲尔斜率 [mV·dec⁻¹]	电流密度 @ 电位	参考文献
CoRuOₓ@NC	$0.5 \ mol \cdot L^{-1} \ N_2H_4$, $1 \ mol \cdot L^{-1} \ KOH$	43	$10 \ mA \cdot cm^{-2}$ at $-19 \ mV$（vs.RHE）	221
NiCoSe₂/NF	$0.1 \ mol \cdot L^{-1} \ N_2H_4$, $0.5 \ mol \cdot L^{-1} \ KOH$	—	$50 \ mA \cdot cm^{-2}$ $-400 \ mV$（vs.SCE）	222
NiB/NF	$0.1 \ mol \cdot L^{-1} \ N_2H_4$, $1 \ mol \cdot L^{-1} \ NaOH$	—	$340 \ mA \cdot cm^{-2}$ at $300 \ mV$（vs.RHE）	223
Ni₀.₄₃Cu₀.₅₇/Cu	$0.1 \ mol \cdot L^{-1} \ N_2H_4$, $3 \ mol \cdot L^{-1} \ KOH$	—	$300 \ mA \cdot cm^{-2}$ at $-600 \ mV$（vs.SCE）	242

表 5-3　P–Co₃O₄/Co 与最近报道的 HER 催化剂的催化活性比较

材料	电解液	塔菲尔斜率 [mV·dec⁻¹]	电流密度 @ 电位	参考文献
P-Co₃O₄/Co	$0.3 \ mol \cdot L^{-1}$ N_2H_4, $1 \ mol \cdot L^{-1}$ KOH	16.11	$100 \ mA \cdot cm^{-2}$ at $116 \ mV$（vs.RHE）	This work
NiS₂/TiM	$0.5 \ mol \cdot L^{-1}$ N_2H_4, $1 \ mol \cdot L^{-1}$ KOH	—	$200 \ mA \cdot cm^{-2}$ at $380 \ mV$（vs.RHE）	40
CoSe₂/NF	$1 \ mol \cdot L^{-1} \ KOH$	84	$10 \ mA \cdot cm^{-2}$ at $79 \ mV$（vs.RHE）	41
Ni₂P/NF	$0.5 \ mol \cdot L^{-1}$ N_2H_4, $1 \ mol \cdot L^{-1}$ KOH	—	$200 \ mA \cdot cm^{-2}$ at $290 \ mV$（vs.RHE）	171
CoS₂/TiM	$1 \ mol \cdot L^{-1} \ KOH$	48	$10 \ mA \cdot cm^{-2}$ at $178 \ mV$（vs.RHE）	176
Ni（Cu）@ NiFeP/NM	$1 \ mol \cdot L^{-1} \ KOH$	56.6	$100 \ mA \cdot cm^{-2}$ at $110 \ mV$（vs.RHE）	207
PW-Co₃N	$1 \ mol \cdot L^{-1} \ KOH$	40	$10 \ mA \cdot cm^{-2}$ at $41 \ mV$（vs.RHE）	211
Cu₁Ni₂-N	$1 \ mol \cdot L^{-1} \ KOH$	106.5	$10 \ mA \cdot cm^{-2}$ at $71 \ mV$（vs.RHE）	212
Fe-CoS₂	$1 \ mol \cdot L^{-1} \ KOH$	32	$10 \ mA \cdot cm^{-2}$ at $40 \ mV$（vs.RHE）	213
N-NiZnCu LDH/rGO	$0.5 \ mol \cdot L^{-1}$ N_2H_4, 1 $mol \cdot L^{-1} \ KOH$	50	$10 \ mA \cdot cm^{-2}$ at $50 \ mV$（vs.RHE）	214

续表

材料	电解液	塔菲尔斜率 [mV · dec⁻¹]	电流密度 @ 电位	参考文献
CoRuO$_x$@NC	1 mol · L^{-1} KOH	40	10 mA · cm^{-2} at 36 mV（vs.RHE）	221

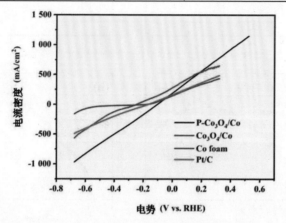

图 5–12　（a）P–Co$_3$O$_4$/Co、Co$_3$O$_4$/Co、Co 泡沫和 Pt/C 分别在含 0.3 mol · L^{-1} N$_2$H$_4$ · H$_2$O 的 1 mol · L^{-1} KOH 中析氢反应和水合肼氧化反应的极化曲线（无 IR 补偿）

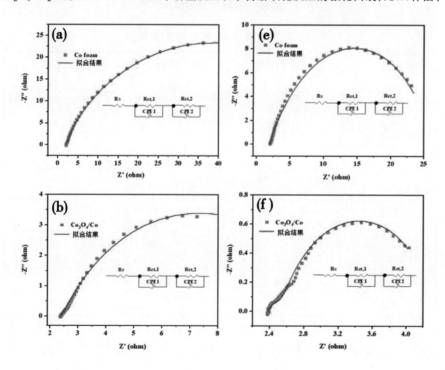

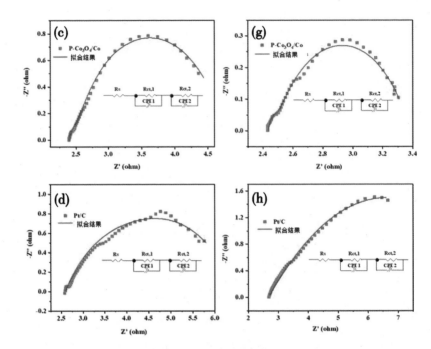

图 5-13 （a～d）析氢反应和（e～h）水合肼氧化反应的电化学阻抗谱及其对应的等效电路和拟合结果

表 5-4 不同样本 HER 的 EIS 参数

电极	$R_s(\Omega)$	$R_{CT,1}(\Omega)$	$R_{CT,2}(\Omega)$
Co foam	2.12	18.10	51.74
Co_3O_4/Co	2.37	3.65	6.31
$P\text{-}Co_3O_4/Co$	2.39	0.08	2.31
Pt/C	2.59	1.44	2.42

表 5-5 不同样本 HzOR 的 EIS 参数

电极	$R_s(\Omega)$	$R_{CT,1}(\Omega)$	$R_{CT,2}(\Omega)$
Co foam	2.06	1.44	22.71
Co_3O_4/Co	2.38	0.16	1.80
$P\text{-}Co_3O_4/Co$	2.43	0.04	0.89
Pt/C	2.66	2.85	5.10

　　电化学活性面积（ECSA）的大小是判断催化剂活性位点数量的另一个有效因素。通过不同扫描速率下的循环伏安曲线（CV）测定电化

学双层电容（Cdl），比较实验催化剂的 ECSA（图 5-14）。如图 5-15（a）所示，P-Co$_3$O$_4$/Co 的 Cdl 值最大，为 59.33 mF·cm^{-2}，远远大于 Co$_3$O$_4$/Co 前驱体（28.43 mF·cm^{-2}）和 Co 泡沫样品（3.95 mF·cm^{-2}），说明 P-Co$_3$O$_4$/Co 的有效活性位点数量最大。除了电催化活性面积外，在经过 1 000 次循环测试后，LSV 曲线与初始曲线之间没有明显的衰减，如图 5-15（b）所示。通过恒过电位 106 mV、10 h 的计时安培测试，其相应的电流密度衰减可忽略不计，表明 HER 稳定性显著，如图 5-15（c）所示。此外，通过对比图 5-15（d）中理论计算值和实验量化值，计算出 P-Co$_3$O$_4$/Co 产氢的法拉第效率（FE）约为 100%。

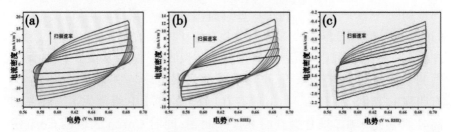

图 5-14　在 1 mol·L^{-1} KOH 的非法拉第电位区，以 20 ~ 140 mV·s^{-1} 的扫描速率对 P-Co$_3$O$_4$/Co、Co$_3$O$_4$/Co 和 Co 泡沫进行循环伏安分析

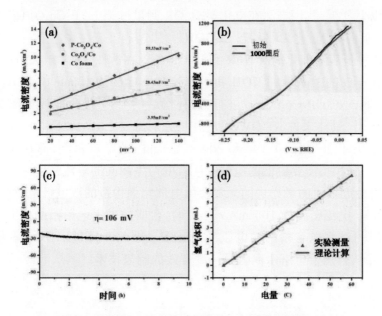

图 5-15　（a）通过不同扫描速率下记录的循环伏安曲线数据得到的 P-Co$_3$O$_4$/Co、Co$_3$O$_4$/Co、Co 泡沫的 Cdl；（b）连续循环伏安测量后 P-Co$_3$O$_4$/Co 电极的极化曲线；（c）过电位为 106 mV 时 P-Co$_3$O$_4$/Co 的时间安培测试；（d）法拉第效率测定

　　针对 P-Co₃O₄/Co 具有良好的 HER 和 HzOR 催化活性,以 P-Co₃O₄/Co 为阴极和阳极组装了一个双电极电解槽。对配对的 P-Co₃O₄/Co 电极进行无 IR 补偿全解水时的 LSV 曲线如图 5-16（a）所示。显然,P-Co₃O₄/Co‖P-Co₃O₄/Co 电极表现出了卓越的性能,提供 948 mA·cm⁻² 的电流密度只需要 1 V 的电池电压。经过 1 000 次稳定性循环试验后,极化曲线与初始极化曲线相比略有差异 [图 5-16（b）]。在图 5-16（c）中测试了在 22 mV（起始电流密度为 10 mA·cm⁻²）下持续 20 h 的长时间电化学耐久性。同样,可以观察到,发生了可以忽略的衰减,这意味着 P-Co₃O₄/Co 的高稳定性。长时间耐久性试验后 P-Co₃O₄/Co 的 SEM 图像如图 5-17（a）~（c）所示。可以看出,经过稳定性测试后,P-Co₃O₄/Co 的表面在长期恶劣的碱性环境下发生了明显的变化,草状形貌塌陷并粘在一起,演变成表面有很多孔隙的开裂膜。并且,从图 5-18 中耐久性测量后的 XPS 谱图来看,电极表面的元素组成与制备的 P-Co₃O₄/Co 有明显的变化:只有 O 和 Co 峰存在,原来的两个 P 峰消失了。在 P 的高分辨率光谱中,只有少量的 P 被探测到,同时 Co-2p 区域的 Co-P 键的峰消失了。形貌和 XPS 的变化可能是 P 的浸出造成的,但从图 5-17（d）进一步的 XRD 谱图来看,稳定性测试后并没有产生新的相。因此,根据以上分析,我们推测在电化学 HzOR 测量过程中,P-Co₃O₄/Co 中的 Co$_x$P 晶体可能转化为非晶态 CoOOH[62,240,241]。

　　进一步表征催化剂对 HER 和 HzOR 的内在活性,在含有 0.3 mol·L⁻¹ N₂H₄·H₂O 的 1 mol·L⁻¹ KOH 和不含 N₂H₄·H₂O 的 1 mol·L⁻¹ KOH 中,对 P-Co₃O₄/Co‖P-Co₃O₄/Co 进行 IR 补偿后的 LSV 极化曲线如图 5-16（d）所示。具体来说,在 OWS 过程中,分别需要 1.51、1.71 和 1.92 V 的电池电压才能产生 50、100 和 200 mA·cm⁻² 的电流密度,而在肼辅助的电解过程中,需要更低的电池电压就能产生相同的电流密度。其性能优于由最近报道的最先进的无贵金属电催化剂构造的双电极电解槽（见表 5-6）。电流密度为 100 mA·cm⁻² 时,含肼的碱水电解槽的槽电压比不含肼的碱水电解槽的槽电压低 1.57 V。因此,将阳极 HzOR 和阴极 HER 相结合用于电解水制氢是一种有效的制氢技术。

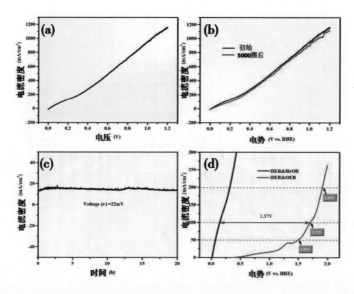

图 5-16　(a) P-Co₃O₄/Co‖P-Co₃O₄/Co 在含 0.3 mol·L⁻¹ N₂H₄·H₂O 的 1.0
mol·L⁻¹ KOH 电解液中的极化曲线 ; (b) P-Co₃O₄/Co‖P-Co₃O₄/Co 电极连续循
环伏安测试后的极化曲线 ; (c) 在 22 mV 电压下 , P-Co₃O₄/Co‖P-Co₃O₄/Co 的
时间安培曲线 ; (d) 含肼的碱性水电解槽和碱性水电解槽中电池电压的比较

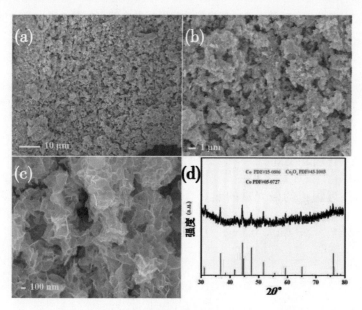

图 5-17　(a ~ c) P-Co₃O₄/Co 长时间耐久性试验后的扫描电子显微镜图像和(d)
X 射线粉末衍射图谱

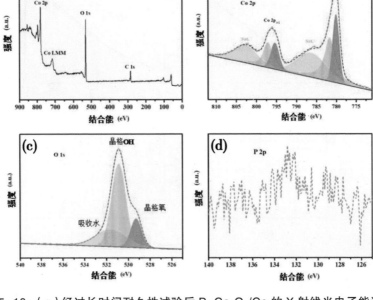

图 5-18 （a）经过长时间耐久性试验后 P-Co₃O₄/Co 的 X 射线光电子能谱；
（b ~ d）相应的 Co 2p、O 1s、P 2p 的高分辨 X 射线粉末衍射图谱

表 5-6　碱性溶液中双电极体系肼辅助全解水的槽电压比较

电极	电解液	电池电压 @ 电流密度	参考 文献
P-Co₃O₄/Co ‖ P- Co₃O₄/Co	0.3 mol · L⁻¹ N₂H₄, 1 mol · L⁻¹ KOH	0.022 V @10 mA · cm⁻²	This work
		0.143 V @100 mA · cm⁻²	
NiS₂/TiM ‖ NiS₂/TiM	0.5 mol · L⁻¹ N₂H₄, 1 mol · L⁻¹ KOH	0.750 V @ 100 mA · cm⁻²	40
CoSe₂/NF ‖ CoSe₂/NF	0.5 mol · L⁻¹ N₂H₄, 1 mol · L⁻¹ KOH	0.164 V @ 10 mA · cm⁻²	41
Ni(Cu)/NF ‖ Ni(Cu) /NF	0.5 mol · L⁻¹ N₂H₄, 1 mol · L⁻¹ KOH	0.410 V @ 100 mA · cm⁻²	44
Co₃O₄/Co ‖ Co₃O₄/Co	0.3 mol · L⁻¹ N₂H₄, 1 mol · L⁻¹ KOH	0.230 V @100 mA · cm⁻²	69
Cu₃P/CF ‖ Cu₃P/CF	0.5 mol · L⁻¹ N₂H₄, 1 mol · L⁻¹ KOH	0.720 V @ 100 mA · cm⁻²	165

续表

电极	电解液	电池电压 @ 电流密度	参考 文献
Ni$_2$P/NF ‖ Ni$_2$P/NF	0.5 mol·L^{-1} N$_2$H$_4$, 1 mol·L^{-1} KOH	0.450 V @ 100 mA·cm^{-2}	171
CoS$_2$/TiM ‖ CoS$_2$/TiM	0.1 mol·L^{-1} N$_2$H$_4$, 1 mol·L^{-1} KOH	0.810 V @ 100 mA·cm^{-2}	176
Ni（Cu）@NiFeP/ NM ‖ Ni（Cu）@NiFeP/NM	0.5 mol·L^{-1} N$_2$H$_4$, 1 mol·L^{-1} KOH	0.147 V @ 10 mA·cm^{-2} 0.491 V @ 100 mA·cm^{-2}	207
PW-Co$_3$N ‖ PW-Co$_3$N	0.1 mol·L^{-1} N$_2$H$_4$, 1 mol·L^{-1} KOH	0.028 V @ 10 mA·cm^{-2}	211
Cu$_1$Ni$_2$-N ‖ Cu$_1$Ni$_2$-N	0.5 mol·L^{-1} N$_2$H$_4$, 1 mol·L^{-1} KOH	0.240 V @ 10 mA·cm^{-2}	212
Fe-CoS$_2$ ‖ Fe-CoS$_2$	0.1 mol·L^{-1} N$_2$H$_4$, 1 mol·L^{-1} KOH	0.950 V @ 500 mA·cm^{-2}	213
N-NiZnCuLDH/ rGO ‖ N-NiZnCu LDH/rGO	0.5 mol·L^{-1} N$_2$H$_4$, 1 mol·L^{-1} KOH	0.010 V @ 10 mA·cm^{-2}	214
CoRuO$_x$@ NC ‖ CoRuO$_x$@NC	0.5 mol·L^{-1} N$_2$H$_4$, 1 mol·L^{-1} KOH	0.674 V @ 100 mA·cm^{-2}	221

　　为了探究 P-Co$_3$O$_4$ 优异的 HER 和 HzOR 活性的反应机理,进行了 DFT 计算。图 5-19（a）分别给出了作为活性表面的 CoP（100）和 Co$_2$P（001）表面模型。Co$_3$O$_4$（001）活性表面显示在 5-19（b）的插图中。一般来说,HER 过程被广泛描述为三种状态,包括初始的 e$^-$ 和 H$^+$,Co$_3$O$_4$、Co$_2$P 或 CoP 表面的吸附 H（H*）的中间体,以及如图 5-19（b）所示的最终产物 1/2H$_2$。作为关键指标,CoP（100）和 Co$_2$P（001）的氢吸附自由能（ΔG$_{H*}$）（-0.14 eV 和 -0.19 eV）比原始 Co$_3$O$_4$（001）（-0.47 eV）更接近热中性。说明磷化处理更有利于氢的吸附和解吸,与实验结果吻合较好。此外,利用 DFT 计算了态密度（DOS）和水的吸附能。如图 5-19（c）所示,磷化后部分 Co$_3$O$_4$ 前驱体转化为 Co$_2$P 和 CoP 的混合物,此时原费米能级附近的带隙消失,成为具有金属性质的导带,表明电荷输运速度快,有利于更高的电导率和更有效的电催化活性。磷化后制备样品的金属性归因于在 P 的 3p 轨道和空的 3d 轨道

上引入了孤对电子。同时，CoP（100）和 Co_2P（001）的水吸附能 ΔE（H_2O）分别为 –0.76 eV 和 –0.70 eV，低于 Co_3O_4（001）（–0.41 eV），说明 P-Co_3O_4 具有更强的捕获水分子的能力，如图 5-19（d）所示。计算结果表明，磷化处理不仅可以调整前驱体的电子结构以提高导电性，还可以调节吸氢自由能和吸水能力，从而共同促进 HER 性能的提高。并对 CoP、Co_2P 和 Co_3O_4 的 HzOR 过程进行了 DFT 计算，如图 5-19（e）所示。HzOR 的整个反应过程包括四电子的转移脱氢过程：*N_2H_4 → *N_2H_3 → *N_2H_2 → *N_2H → *N_2[211]，发生在 CoP、Co_2P 和 Co_3O_4 活性表面的 Co 位点上。可以清楚地看到，Co_2P 和 CoP 的 ΔG_{N2H4*} 值分别为 –0.76 eV 和 –0.84 eV，明显低于 Co_3O_4 的 ΔG_{N2H4*} 值（–0.41 eV）。结果表明，与 Co_3O_4 相比，P-Co_3O_4 对 N_2H_4 的亲和力要强得多，这无疑是后续催化氧化反应的关键。此外，根据 CoP、Co_2P 和 Co_3O_4 各自的脱氢过程的自由能变化图，Co_3O_4 对 HzOR 的速率决定步骤为 *N_2H_4 脱氢成 *N_2H_3，而对 CoP 和 Co_2P 的速率决定步骤则是 *N_2 到 N_2 的解吸过程。因此，与单相 Co_3O_4 相比，Co_3O_4 和 CoxP 的协同作用表现出更好的催化活性，加速了 HzOR 的生成。这些结果表明，引入 Co-P 键可以调节电子结构，从而促进 HER 中氢吸附 / 解吸的热力学性质，改变 HzOR 中脱氢步骤的自由能变化。

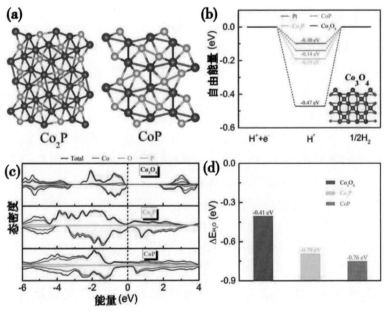

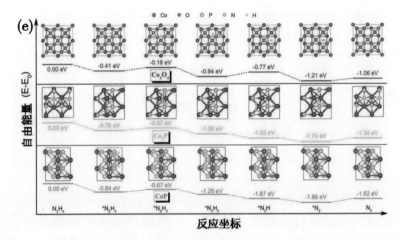

图 5-19 （a）Co$_2$P 和 CoP 的原子结构模型；（b）析氢反应的自由能图，插图展示了 Co$_3$O$_4$ 的原子结构模型；（c）Co$_3$O$_4$、Co$_2$P 和 CoP 的总态密度和投影的态密度；（d）Co$_3$O$_4$、Co$_2$P 和 CoP 对水分子的吸附能；（e）Co$_3$O$_4$（001）、CoP（100）和 Co$_2$P（001）上水合肼氧化反应中间体的自由能图

5.5　本章小结

　　综上所述，我们成功地在商用 Co 泡沫（表示为 P-Co$_3$O$_4$/Co）上通过简单的水热反应和低温磷化策略合成了一种草状和块状 P-Co$_3$O$_4$ 电催化剂。混合了 Co$_3$O$_4$、CoP 和 Co$_2$P 的 P-Co$_3$O$_4$/Co 具有优越的 HER（106 mV @ 10 mA·cm^{-2}，129 mV @ 200 mA·cm^{-2}）和 HzOR（-100 mV @ 10 mA·cm^{-2}，-83 mV @ 200 mA·cm^{-2}）催化活性。这是由于大孔 Co 泡沫基底与 P-Co$_3$O$_4$/Co 中 Co$_3$O$_4$ 和 Co$_x$P 相的协同作用，使得制备的催化剂具有更丰富的活性位点、更高的电导率和更快的电荷/传质速度。DFT 计算结果表明，磷化处理有利于改变氢的电子结构，促进氢的吸附/解吸行为，降低水分子吸附的自由能，优化脱氢过程的自由能变化。本工作不仅揭示了 P-Co$_3$O$_4$/Co 的 HER 和 HzOR 性能的基本来源，而且为肼辅助制氢提供了一种有潜力的新方法。

总　结

　　为了满足电解水更高的制氢效率和大规模工业化的成本要求,本文基于过渡金属基复合物催化剂,制备了三种高效稳定的电催化剂,同时构建合适的电解系统,引入肼氧化反应来替代迟缓的析氧反应,从实际和理论层次进行优化,降低电解池所需要的过电位。具体实验研究工作的总结如下:

　　(1)合成廉价、高效、稳定的析氧反应催化剂是电解水制氢技术规模化的关键。近年来,钙钛矿型 MOF 材料普鲁士蓝类似物(PBAs)也在 EWS 过程中作为 OER 的催化材料崭露头角。传统的共沉淀法制备的普鲁士蓝类似物(PBA)由于其 OER 活性较差,活性位点密度较低,电子输运性差,常被用作进一步制备 PBA 衍生物(如金属氧化物、金属合金、金属磷化物等)的前驱体。本文通过调节尿素和铁氰化钾的用量,通过一步水热反应,在泡沫镍基底上可控地合成了 NiFePBA 和 Fe_2O_3 副产物。在酸蚀刻去除活性较差的 Fe_2O_3 后,通过电化学活化完全转化为无定形铁氰化镍(a-NiHCF),并且将它作为活性物质。分别驱动 $400\ mA\cdot cm^{-2}$ 和 $800\ mA\cdot cm^{-2}$ 电流密度仅需要 $280\ mV$ 和 $309\ mV$ 的过电势,同时在高电流密度区域内驱动所需的过电势非常小,这与最近的 OER 催化剂相比展现了极具竞争力的优势。其优势来源于以下几点:①在泡沫金属基底上原位生长可以提高结构稳定性,并提供更快的电荷转移和氧气泡释放;②化学腐蚀可以暴露出更多的表面活性位点;③电化学活化诱导的非晶表面具有更大的 BET 表面积、更高的氧化价态和更高的本征 OER 活性;④超亲水的表面结构有利于水分子的吸附。这些优点使得 a-NiHCF 在电催化水分解领域具有广阔的应用前景。

　　(2)近年来,科学界对镍铜合金、硒化钴、硒化镍钴、铁铜合金等各类过渡金属复合物的催化水合肼氧化性能进行研究,但对于过渡金属氧化物电解水合肼制氢的研究几乎没有,于是我们把目光投向了过渡金属氧化物催化剂。我们通过简便的一步水热合成法,在泡沫钴基底上原位生长了由纳米块状四氧化三钴自组装而成的微米条状结构 Co_3O_4/Co。在电化学测试中发现该材料在含有 $0.3\ mol \cdot L^{-1}\ N_2H_4$ 的 $1\ mol \cdot L^{-1}$ KOH 碱性电解液中展现了良好电化学催化性能和稳定性。当电流密度为 $200\ mA \cdot cm^{-2}$ 时,仅仅需要 $-32\ mV$ 的电位,且塔菲尔斜率为 $53.43\ mV \cdot dec^{-1}$。同时,在双电极电解系统中,室温下驱动电流密度 $764\ mA \cdot cm^{-2}$ 只需要 1 V 的槽电压,这优于贵金属催化剂系统和目前报道的无贵金属的电催化剂。这说明,泡沫钴是一种活性良好的导电载体,其原位生长的氧化物对肼氧化反应和析氢反应具有良好的催化活性,这贡献了过渡金属氧化物应用于肼氧化辅助制氢领域的研究,也为其工业化提供了一条可行的道路。

（3）在已知 Co_3O_4/Co 对肼 - 水电解体系有良好的催化活性后,我们尝试对该实验进行优化,磷化是一种有效的改性方案。通过对 Co_3O_4/Co 低温磷化,我们发现得到的产物不仅仅是磷化物,而是 Co_2P、CoP、Co_3O_4 的一个混合相,磷化并没有严重的改变前驱体 Co_3O_4 的形貌,而是在维持其形貌的基础上,将其表面磷化为 Co_xP,这种结构稳定的混合相在催化电解过程中显示出高效的催化活性。对于 HzOR,$P\text{-}Co_3O_4/Co$ 分别需要 -100、-83 和 $-22\ mV$ 的电位,以驱动 $0.3\ mol \cdot L^{-1}\ N_2H_4 + 1\ mol \cdot L^{-1}$ KOH 中 10、200 和 $800\ mA \cdot cm^{-2}$ 的电流密度。对于 HER 来说,$P\text{-}Co_3O_4/Co$ 需要超小过电位 106 和 $129\ mV$ 便能达到 10 和 $200\ mA \cdot cm^{-2}$ 的阴极电流密度。此外,在双电极电解系统中,在室温下只需 1 V 的超低电池电压就可以达到 $948\ mA \cdot cm^{-2}$,这优于贵金属催化剂体系和已报道的无贵金属电催化剂。良好的催化活性来源于大孔 Co 泡沫基底与 $P\text{-}Co_3O_4/Co$ 中 Co_3O_4 和 Co_xP 相的协同作用,使得制备的催化剂具有更丰富的暴露的活性位点、更高的电导率和更快的传质速度。同时通过 DFT 计算,我们揭示了磷化处理有利于改变氢的电子结构,促进氢的吸附 / 解吸行为,降低水分子吸附的自由能,优化脱氢过程的自由能变化,进而提升催化效率。

参考文献

[1] Zhang J, Zhang Q, Feng X. Support and interface effects in water-splitting electrocatalysts [J]. Adv. Mater, 2019, 31（31）: 1808167-1808186.

[2] Li X, Duan X, Han C, et al. Chemical activation of nitrogen and sulfur co-doped graphene as defect-rich carbo catalyst for electrochemical water splitting [J]. Carbon, 2019, 148: 540-549.

[3] Jiao Y, Zheng Y, Jaroniec M, et al. Design of electrocatalysts for oxygen- and hydrogen involving energy conversion reactions [J]. Chem. Soc. Rev., 2015, 44: 2060-2086.

[4] Chu S, Majumdar A. Opportunities and challenges for a sustainable energy future [J]. Nature, 2012, 488: 294-303.

[5] Wang W, Xu M, Xu X, et al. Perovskite oxide-based electrodes for high-performance photoelectrochemical water splitting: a review [J]. Angew Chem. Int. Ed.,2019, 58: 2-19.

[6] Li X, Hao X, Abudula A, et al. Nanostructured catalysts for electrochemical water splitting: current state and prospects [J]. J. Mater. Chem. A, 2016, 4: 11973-12000.

[7] Gong Y, Zhi Y, Yu L, et al. Controlled synthesis of bifunctional particle-like Mo/Mn-Ni$_x$S$_y$/NF electrocatalyst for highly efficient overall water splitting [J]. Dalton Trans., 2019, 48: 6718-6729.

[8] Zong Z, Qian Z, Tang Z, et al. Hydrogen evolution and oxygen reduction reactions catalyzed by core-shelled Fe@Ru nanoparticles embedded in porous dodecahedron carbon [J]. J. Alloy. Comp., 2019, 784: 447-455.

[9] Jia Y, Jiang K, Wang H, et al. The role of defect sites in nanomaterials for electrocatalytic energy conversion [J]. Chem., 2019, 5: 1371-1397.

[10] Jiang K, Back S, Akey A J, et al. Highly selective oxygen reduction to hydrogen peroxide on transition metal single atom coordination [J]. Nat. Commun, 2019, 10: 3997.

[11] Badal F R, Das P, Sarker S K, et al. A survey on control issues in renewable energy integration and microgrid [J]. J. Mod. Power Syst. Cle., 2019, 4: 8.

[12] Wang J, Cui W, Liu Q, et al. Recent progress in cobalt-based heterogeneous catalysts for electrochemical water splitting [J]. Adv. Mater., 2016, 28: 215.

[13] Morales-Guio C G, Stern L A, Hu X. Nanostructured hydrotreating catalysts for electrochemical hydrogen evolution [J]. Chem. Soc. Rev., 2014, 43: 6555.

[14] Suen N T, Hung S F, Quan Q, et al. Electrocatalysis for the oxygen evolution reaction: recent development and future perspectives [J]. Chem. Soc. Rev., 2017, 46: 337-365.

[15] Lei C, Lyu S, Si J, et al. Nanostructured carbon based heterogeneous electrocatalysts for oxygen evolution reaction in alkaline media [J]. ChemCatChem., 2019, 11: 5855-5874.

[16] Shao L, Sun H, Miao L, et al. Facile preparation of NH_2^- functionalized black phosphorene for the electrocatalytic hydrogen evolution reaction [J]. J. Mater. Chem. A, 2018, 6: 2494.

[17] Hong W T, Risch M, Stoerzinger K A, et al. Toward the rational design of non-precious transition metal oxides for oxygen electrocatalysis [J]. Energy Environ. Sci., 2015, 8: 1404-1427.

[18] Shi Y, Zhang B. Recent advances in transition metal phosphide nanomaterials: synthesis and applications in hydrogen evolution reaction [J]. Chem. Soc. Rev., 2016, 45: 1529.

[19] Zou X, Zhang Y. Noble metal-free hydrogen evolution catalysts for water splitting [J]. Chem. Soc. Rev., 2015, 44: 5148.

[20] Yan Y, Xia B Y, Zhao B, et al. A review on noble-metal-free

bifunctional heterogeneous catalysts for overall electrochemical water splitting [J]. J. Mater. Chem. A, 2016, 4: 17587-17603.

[21] Zheng X, Zhang B, Luna P D, et al. Theory-driven design of high-valence metal sites for water oxidation confirmed using in situ soft X-ray absorption [J]. Nat. Chem., 2018, 10: 149-154.

[22] Benck J D, Hellstern T R, Kibsgaard J, et al. Catalyzing the hydrogen evolution reaction (HER) with molybdenum sulfide nanomaterials [J]. ACS Catal., 2014, 4: 3957-3971.

[23] Zhang B, Xu K, Fu X L, et al. Novel three-dimensional Ni_2P-MoS_2 heteronanosheet arrays for highly efficient electrochemical overall water splitting [J]. J. Alloy. Compd., 2021, 856: 158094.

[24] Feng X J, Shi Y L, Shi J H, et al. Superhydrophilic 3D peony flower-like Mo-doped Ni_2S_3@NiFe LDH heterostructure electrocatalyst for accelerating water splitting [J]. Int. J. Hydrogen. Energ, 2021, 46: 5169-5180.

[25] Chen Z, Cummins D, Reinecke B N, et al. Core-shell MoO_3-MoS_2 nanowires for hydrogen evolution: afunctional design for electrocatalytic materials [J]. Nano Lett., 2011, 11: 4168-4175.

[26] Zhang L, Li Y Y, Peng J H, et al. Bifunctional $NiCo_2O_4$ porous nanotubes electrocatalyst for overall water-splitting [J]. Electrochimica Acta., 2019, 318: 762-769.

[27] Li Y, Wang H, Xie L, et al. MoS_2 nanoparticles grown on graphene: an advanced catalyst for the hydrogen evolution reaction [J]. J. Am. Chem. Soc., 2011, 133: 7296-7299.

[28] Li M L, Xiao K, Su H, et al. $CuCo_2S_4$ nanosheets coupled with carbon nanotube heterostructures for highly efficient capacitive energy storage [J]. Chem Electro Chem., 2018, 5: 1-8.

[29] You B, Jiang N, Sheng M L, et al. Hierarchically porous urchin-like Ni_2P superstructures supported on nickel foam as efficient bifunctional electrocatalysts for overall water splitting [J]. ACS Catal., 2016, 6: 714-721.

[30] Qin J F, Lin J H, Chen T S, et al. Facile synthesis of V-doped CoP nanoparticles as bifunctional electrocatalyst for efficient water

splitting [J].J.Energy. Chem., 2019, 39: 182-187.

[31] Kim D, Qin X Y, Yan B Y, et al. Sprout-shaped Mo-doped CoP with maximized hydrophilicity and gas bubble release for high-performance water splitting catalyst [J]. Chem. Eng. J., 2021, 408: 127331.

[32] Yuan G J, Bai J L, Zhang L, et al. The effect of P vacancies on the activity of cobalt phosphide nanorods as oxygen evolution electrocatalyst in alkali [J]. Appl. Catal B Environ, 2020, 284: 119693.

[33] Xu L, Jiang Q, Xiao Z, et al. Plasma engraved Co_3O_4 nanosheets with oxygen vacancies and high surface area for the oxygen evolution reaction[J].Angew Chem Int Ed., 2016, 128: 53637.

[34] Wang J, Han L, Huang B, et al. Amorphization activated ruthenium-tellurium nanorods for efficient water splitting[J]. Nat. Commun, . 2019, 10: 5692.

[35] Cheng H F, Yang N L, Liu G G, et al. Ligand-exchange-induced amorphization of Pd nanomaterials for highly efficient electrocatalytic hydrogen evolution reaction [J]. Adv. Mater, 2020, 32: 1902964.

[36] Yan X D, Liu Y, Lan J L, et al. Crystalline-amorphous Co@CoO core-shell heterostructures for efficient electro-oxidation of hydrazine [J]. Mater. Chem. Front, 2018, 2: 96-101.

[37] Akbar K, Kim J H, Lee Z, et al. Superaerophobic graphene nano-hills for direct hydrazine fuel cells [J]. NPG Asia Mater, 2017, 9: 378.

[38] Yu D S, Wei L, Jiang W C, et al. Nitrogen doped holey graphene as an efficient metal-free multifunctional electrochemical catalyst for hydrazine oxidation and oxygen reduction [J]. Nanoscale, 2013, 5: 3457-3464.

[39] Wu L S, Dai H B, Wen X P, et al. Ni-Zn alloy nanosheets arrayed on nickel foamas a promising catalyst for electrooxidation of hydrazine [J].Chem Electro Chem, 2017, 4: 1944.

[40] Wang J, Ma X, Liu T, et al. NiS_2 nanosheet array: A high-

active bifunctional electrocatalyst for hydrazine oxidation and water reduction toward energy-efficient hydrogen production [J]. Mater. Today Energy, 2017, 3: 9.

[41] Zhang J Y, Wang H, Tian Y, et al. Anodic hydrazine oxidation assists energy-efficient hydrogen evolution over a bifunctional cobalt perselenide nanosheet electrode [J]. Angew. Chem. Int. Ed., 2018, 130: 7775.

[42] Wang J, Kong R, Asiri A M, et al. Replacing oxygen evolution with hydrazine oxidation at the anode for energy-saving electrolytic hydrogen production [J]. ChemElectroChem, 2017, 4: 481-484.

[43] Tang C, Zhang R, Lu W, et al. Energy-saving electrolytic hydrogen generation: Ni_2P nanoarray as a high performance non-noble-metal electrocatalyst [J]. Angew Chemie, 2017, 129: 860-864.

[44] Sun Q, Wang L, Shen Y, et al. Bifunctional copper-doped nickel catalysts enable energy-efficient hydrogen production via hydrazine oxidation and hydrogen evolution reduction [J]. ACS Sustain. Chem. Eng., 2018, 6: 12746-12754.

[45] Liu D, Liu T, Zhang L, et al. High-performance urea electrolysis towards less energy-intensive electrochemical hydrogen production using a bifunctional catalyst electrode[J]. J. Mater. Chem A, 2017, 5: 3208.

[46] Li C, Liu Y, Zhuo Z, et al. Local charge distribution engineered by schottky heterojunctions toward urea electrolysis [J]. Adv. Energy Mater, 2018, 8: 1801775.

[47] Chen G, Dong W F, Deng Y H, et al. Nanodots of transition metal (Mo and W) disulfides grown on Ni Niprussianblue analogue nanoplates for efficient hydrogen production [J]. Chem. Commun, 2018, 54: 11044-11047.

[48] Zhang X, Liu P, Sun Y, et al. $Ni_3[Fe(CN)_6]_2$ nanocubes boost the catalytic activity of Pt for electrochemical hydrogen evolution [J]. Inorg. Chem. Front, 2018, 5: 1683-1689.

[49] Han L, Tang P, Reyes-Carmona Á, et al. Enhanced

activity and acid pH stability of prussianblue-type oxygen evolution electrocatalysts processed by chemical etching [J]. J. Am. Chem. Soc, 2016, 138: 16037-16045.

[50] Guo Y, Wang T, Chen J, et al. Air plasma activation of catalytic sites in a metal - cyanide framework for efficient oxygen evolution reaction [J]. Adv. Energy Mater, 2018, 8: 1800085.

[51] Zhu F, Liu Y, Yan M, et al. Construction of hierarchical $FeCo_2O_4@MnO_2$ core-shell nanostructures on carbon fibers for high-performance asymmetric supercapacitor [J]. J. Colloid Interface Sci., 2018, 512: 419-427.

[52] Sun W, Wang Y, Wu H, et al. 3D free-standing hierarchical $CuCo_2O_4$ nanowire cathodes for rechargeable lithium-oxygen batteries [J]. ChemCommun, 2017, 53: 8711-8714.

[53] Moni P, Hyun S, Vignesh A, et al. Chrysanthemum flower-like $NiCo_2O_4$ nitrogen doped graphene oxide composite: an efficient electrocatalyst for lithium oxygen and zinc-air batteries [J]. Chem. Commun, 2017, 53: 7836-7839.

[54] Gao D, Liu R, Biskupek J, et al. Modular design of noble-metal-free mixed metal oxide electrocatalysts for complete water splitting [J].Angew Chem. Int. Ed., 2019, 58: 4644-4648.

[55] Xu Y, Yan Y, He T, et al. Supercritical CO_2-assisted synthesis of $NiFe_2O_4$/vertically-aligned carbon nanotube arrayshybrid as a bifunctional electrocatalyst for efficient overall water splitting [J]. Carbon, 2019, 145: 201-208.

[56] Stern L A, Feng L, Song F, et al. Ni_2P as a janus catalyst for water splitting: the oxygen evolution activity of Ni_2P nanoparticles [J]. Energy Environ Sci., 2015, 8: 2347-2351.

[57] Lin J, Yan Y, Li C, et al. Bifunctional electrocatalysts based on Mo-doped NiCoP nanosheet arrays for overall water splitting [J]. Nano-Micro Lett., 2019, 11: 55.

[58] Huang Y, Song X, Deng J, et al. Ultra-dispersed molybdenum phosphide and phosphor sulfide nanoparticles on hierarchical carbonaceous scaffolds for hydrogen evolution

electrocatalysis [J]. Appl. Catal. B Environ., 2019, 245: 656-661.

[59] Wang K, Sun K, Yu T, et al. Facile synthesis of nano porous Ni-Fe-P bifunctional catalysts with high performance for overall water splitting [J]. J. Mater. Chem. A, 2019, 7: 2518-2523.

[60] Jiao C, Hassan M, Bo X, et al. $Co_{0.5}Ni_{0.5}P$ nanoparticles embedded in carbon layers for efficient electrochemical water splitting [J]. J. Alloy. Comp., 2018, 764: 88-95.

[61] He L, Zhou D, Lin Y, et al. Ultrarapid in situ synthesis of Cu_2S nanosheet arrays on copper foam with room-temperature-active iodine plasma for efficient and cost-effective oxygen evolution [J]. ACS Catal., 2018, 8(5): 3859-3864.

[62] Yan Y, Liu J, Gao Y, et al. Metal-organic framework-derived hierarchical ultrathin CoP nanosheets for overall water splitting [J]. J. Mater. Chem. A, 2020, 8: 19254-19261.

[63] Xu S, Zhao H, Li T, et al. Iron-based phosphides as electrocatalysts for the hydrogen evolution reaction: recent advances and future prospects [J]. J. Mater. Chem. A, 2020, 8(38): 19729-19745.

[64] Wang J, Cui W, Liu Q, et al. Recent progress in cobalt-based heterogeneous catalysts for electrochemical water splitting [J]. Adv. Mater., 2016, 28(2): 215-300.

[65] Liu M, Li J. Cobalt phosphide hollow polyhedron as efficient bifunctional electrocatalysts for the evolution reaction of hydrogen and oxygen [J]. ACS Appl. Mater. Interfaces, 2016, 8(3): 2158-2165.

[66] Xu W, Lyu F, Bai Y, et al. Porous cobalt oxide nanoplates enriched with oxygen vacancies for oxygen evolution reaction [J]. Nano Energy, 2018, 43: 110-116.

[67] Yu Y, Yang B, Wang Y, et al. Low-temperature liquid phase synthesis of flower-like $NiCo_2O_4$ for high-efficiency methanol electro-oxidation [J]. ACS Appl. Energy Mater., 2020, 3: 9076-9082.

[68] Ji X, Zhang R, Shi X, et al. Fabrication of hierarchical CoP nanosheet@microwire arrays via space-confined phosphidation toward high-efficiency water oxidation electrocatalysis under alkaline

conditions [J]. Nanoscale, 2018, 10(17): 7941-7945.

[69] Xu X, Wang T, Dong L, et al. Energy-efficient hydrogen evolution reactions via hydrazine oxidation over facile synthesis of cobalt tetraoxide electrodes [J]. ACS Sustain.Chem. Eng., 2020,8 (21): 7973-7980.

[70] Yan H, Tian C, Wang L, et al. Phosphorus-modified tungsten nitride/reduced graphene oxide as a high-performance, non-noble-metal electrocatalyst for the hydrogen evolution reaction [J]. Angew Chem., Int. Ed., 2015, 127: 1-6.

[71] Saadi F H, Carim A I, Drisdell W S, et al. Operando spectroscopic analysis of CoP films electrocatalyzing the hydrogen-evolution reaction [J]. J. Am. Chem. Soc., 2017, 139(37): 12927-12930.

[72] Hou Y, Lohe M R, Zhang J, et al. Vertically oriented cobalt selenide/NiFe layered-double-hydroxide nanosheets supported on exfoliated graphene foil: an efficient 3D electrode for overall water splitting [J]. Energ. Environ. Sci., 2016, 9(2): 478-483.

[73] Huang J, Li Y, Huang R K, et al. Electrochemical exfoliation of pillared-layer metal-organic framework to boost the oxygen evolution reaction [J]. Angew Chem., Int. Ed., 2018, 57(17): 4632-4636.

[74] He P, Yu X Y, Lou X W. Carbon-incorporated nickel-cobalt mixed metal phosphide nanoboxes with enhanced electrocatalytic activity for oxygen evolution [J]. Angew Chem., Int. Ed., 2017, 56 (14): 3897-3900.

[75] Han L, Tang P, Reyes-Carmona A, et al. Enhanced activity and acid pH Stability of prussianblue-type oxygen evolution electrocatalysts processed by chemical etching [J]. J. Am. Chem. Soc., 2016, 138(49): 16037-16045.

[76] Han L, Galán-Mascarós J R. The positive effect of iron doping in the electrocatalytic activity of cobalt hexacyanoferrate [J]. Catalysts, 2020, 10(1): 130.

[77] Su X, Wang Y, Zhou J, et al. Operando spectroscopic

identification of active sites inNiFeprussianblue analogues as electrocatalysts: activation of oxygen atoms for oxygen evolution reaction[J]. J. Am. Chem. Soc., 2018, 140（36）: 11286-11292.

[78] Yu Z Y, Duan Y, Liu J D, et al. Unconventional CN vacancies suppress iron-leaching in prussian blue analogue pre-catalyst for boosted oxygen evolution catalysis [J]. Nat. Commun., 2019, 10（1）: 2799.

[79] Krap C P, Balmaseda J, del Castillo L F, et al. Hydrogen storage in prussian blue analogues: H_2 interaction with the metal found at the cavity surface [J]. Energ. Fuels, 2010, 24（1）: 581-589.

[80] Niu Q, Bao C, Cao X, et al. Ni-Fe PBA hollow nanocubes as efficient electrode materials for highly sensitive detection of guanine and hydrogen peroxide in human whole saliva [J]. Biosens. Bioelectron., 2019, 141: 111445.

[81] Wang B, Han Y, Wang X, et al. Prussian blue analogs for rechargeable batteries [J]. Science, 2018, 3: 110-133.

[82] Guo Y, Wang T, Chen J, et al. Air plasma activation of catalytic sites in a metal-cyanide framework for efficient oxygen evolution reaction [J]. Adv. Energy Mater., 2018, 8（18）: 1800085.

[83] Catala L, Mallah T. Nanoparticles of prussian blue analogs and related coordination polymers: from information storage to biomedical applications [J]. Coordin. Chem. Rev., 2017, 346: 32-61.

[84] Zakaria M B, Chikyow T. Recent advances in prussian blue and prussian blue analogues: synthesis and thermal treatments [J]. Coordin. Chem. Rev., 2017, 352: 328-345.

[85] Kumar A, Bhattacharyya S. Porous NiFe-oxide nanocubes as bifunctional electrocatalysts for efficient water-splitting [J]. ACS Appl. Mater. Interfaces, 2017, 9（48）: 41906-41915.

[86] Xie Z, Zhang C, He X, et al. Iron and nickel mixed oxides derived from Ni（Ⅱ）Fe（Ⅱ）-PBA for oxygen evolution electrocatalysis [J]. Front. Chem., 2019, 7: 539.

[87] Li J G, Sun H, Lv L, et al. Metal-organic framework-derived hierarchical（Co, Ni）Se_2@NiFe LDH hollow nanocages for enhanced

oxygen evolution [J]. ACS Appl. Mater. Interfaces, 2019, 11（8）: 8106-8114.

[88] He L, Cui B, Hu B, et al. Mesoporous nanostructured CoFe-Se-P composite derived from a prussian blue analogue as a superior electrocatalyst for efficient overall water splitting [J]. ACS Appl. Energy Mater., 2018, 1（8）: 3915-3928.

[89] Xuan C, Peng Z, Xia K, et al. Self-supported ternary Ni-Fe-P nanosheets derived from metal-organic frameworks as efficient overall water splitting electrocatalysts [J]. Electrochim. Acta, 2017, 258: 423-432.

[90] Yu X Y, Feng Y, GuanB, et al. Carbon coated porous nickel phosphides nanoplates for highly efficient oxygen evolution reaction [J]. Energ. Environ. Sci., 2016, 9（4）: 1246-1250.

[91] Pintado S, Goberna-Ferron S, Escudero-Adan E C, et al. Fast and persistent electrocatalytic water oxidation by Co-Fe Prussian blue coordination polymers [J]. J. Am. Chem. Soc., 2013, 135（36）: 13270.

[92] Indra A, Paik U, Song T. Boosting electrochemical water oxidation with metal hydroxide carbonate templated prussian blue analogues [J]. Angew. Chem., Int. Ed., 2018, 57（5）: 1241-1245.

[93] Lin Y C, Chuang C H, Hsiao L Y, et al. Oxygen plasma activation of carbon nanotubes-interconnected prussian blue analogue for oxygen evolution reaction [J]. ACS Appl. Mater. Interfaces, 2020, 12（38）: 42634-42643.

[94] Ma L, Zhou B, Tang L, et al. Template confined synthesis of NiCo Prussian blue analogue bricks constructed nanowalls as efficient bifunctional electrocatalyst for splitting water [J]. Electrochim. Acta, 2019, 318: 333-341.

[95] Aksoy M, Nune S V, Karadas F. A novel synthetic route for the preparation of an amorphous Co/Fe prussian blue coordination compound with high electrocatalytic water oxidation activity [J].Inorg. Chem., 2016, 55（9）: 4301-4307.

[96] Cao L M, Lu D, Zhong D C, et al. Prussian blue analogues

and their derived nanomaterials for electrocatalytic water splitting [J]. Coordin. Chem. Rev., 2020, 407: 213156.

[97] Anantharaj S, Noda S. Amorphouscatalysts and electrochemical water splitting: an untold story of harmony [J]. Small, 2020, 16(2): 1905779.

[98] Li Z, Zheng M, Zhao X, et al. Synergistic engineering of architecture and composition in $Ni_xCo_{1-x}MoO_4@CoMoO_4$ nanobrush arrays towards efficient overall water splitting electrocatalysis [J]. Nanoscale, 2019, 11(47): 22820-22831.

[99] Xu Q Q, Huo W, Li S S, et al. Crystal phase determined Fe active sites on Fe_2O_3 (γ- and α-Fe_2O_3) yolkshell microspheres and their phase dependent electrocatalytic oxygen evolution reaction [J]. Appl. Surf. Sci., 2020, 533: 147368.

[100] Yang Y Y, Zhu C M, Zhang Y, et al. Construction of Co_3O_4/Fe_2O_3 nanosheets on nickel foam as efficient electrocatalyst for the oxygen evolution reaction [J]. J. Phys. Chem. Solids, 2021, 148: 109680.

[101] Gao Y, Zhang N, Wang C R, et al. Construction of $Fe_2O_3@$CuO heterojunction nanotubes for enhanced oxygen evolution reaction [J]. ACS Appl. Energy Mater., 2020, 3: 666-674.

[102] Burke M S, Kast M G, Trotochaud L, et al. Cobalt-iron (Oxy) hydroxide oxygen evolution electrocatalysts: the role of structure and composition on activity, stability, and mechanism [J]. J. Am. Chem. Soc.,2015, 137: 3638-3648.

[103] Zhang X, Khan I U, Huo S, et al. In-situ integration of nickel-iron prussian blue analog heterostructure on Ni foam by chemical corrosion and partial conversion for oxygen evolution reaction [J]. Electrochim. Acta, 2020, 363: 137211.

[104] Wang Y, Ma J, Wang J, et al. Interfacial scaffolding preparation of hierarchical PBA-based derivative electrocatalysts for efficient water splitting [J]. Adv. Energy Mater., 2019, 9(5): 1802939.

[105] Zambiazi P J, Aparecido G O, Ferraz T V B, et al.

Electrocatalytic water oxidation reaction promoted by cobalt-prussian blue and its thermal decomposition product under mild conditions [J]. Dalton T., 2020, 49, 16488-16497.

[106] Zhao M, Li H, Yuan W, et al. Tannic acid-mediated in situ controlled assembly of NiFealloy nanoparticles on pristine graphene as a superior oxygen evolution catalyst [J]. ACS Appl. Energy Mater., 2020, 3(4): 3966-3977.

[107] Zou X, Wu Y, Liu Y, et al. In situ generation of bifunctional efficient Fe-based catalysts from mackinawite iron sulfide for water splitting [J]. Chem, 2018, 4(5): 1139-1152.

[108] Duan Y, Yu Z Y, Hu S J, et al. Scaled-up synthesis of amorphous NiFeMooxides and their rapid surface reconstruction for superior oxygen evolution catalysis [J]. Angew. Chem., Int. Ed., 2019, 58(44): 15772-15777.

[109] Cheng H, Yang N, Liu G, et al. Ligand-exchange-induced amorphization of Pd nanomaterials for highly efficient electrocatalytic hydrogen evolution reaction [J]. Adv. Mater., 2020, 32(11): 1902964.

[110] Wang F, Qi X, Qin Z, et al. Construction of hierarchical prussian blue analogue phosphide anchored on $Ni_2P@MoO_x$ nanosheet spheres for efficient overall water splitting [J]. Int. J. Hydrogen Energ., 2020, 45(24): 13353-13364.

[111] Wang H Y, Hsu Y Y, Chen R, et al. Ni^{3+}-induced formation of active NiOOH on the spinel Ni-Co oxide surface for efficient oxygen evolution reaction [J].Adv. Energy Mater., 2015, 5: 1500091.

[112] Tahir M, Pan L, Zhang R R, et al. High-valence-state NiO/Co_3O_4 nanoparticles on nitrogen-doped carbon for oxygen evolution at low overpotential[J]. ACS Energy Lett., 2017, 2: 2177-2182.

[113] Zhang C, Xia M S, Liu Z P, et al. Self - assembly mesoporous FeP film with high porosity for efficient hydrogen evolution reaction[J]. ChemCatChem, 2020, 12(9): 2589-2594.

[114] Zhao D, Dai M, Zhao Y, et al. Improving electrocatalytic activities of $FeCo_2O_4@FeCo_2S_4@PPy$ electrodes by surface/interface

regulation [J]. Nano Energy, 2020, 72: 104715.

[115] Yang Y, Wang Y, He H L, et al. Covalently connected $Nb_4N_{5-x}O_x$-MoS_2 heterocatalysts with desired electron density to boost hydrogen evolution [J]. ACS Nano, 2020, 14 (4): 4925-4937.

[116] Cheng S, Zhang R, Zhu W, et al. CoS nanowires mediated by superionic conductor Ag_2S for boosted oxygen evolution [J]. Appl. Surf. Sci., 2020, 518: 146106.

[117] He W, Ren G, Li Y, et al. Amorphous nickel-iron hydroxide films on nickel sulfide nanoparticles for the oxygen evolution reaction [J]. Catal. Sci. Technol., 2020, 10 (6): 1708-1713.

[118] Feng Y, Han H, Kim K M, et al. Self-templated prussian blue analogue for efficient and robust electrochemical water oxidation [J]. J. Catal., 2019, 369: 168-174.

[119] Ji Y, Yang L, Ren X, et al. Full water splitting electrocatalyzed by $NiWO_4$ nanowire array [J]. ACS Sustain. Chem. Eng., 2018, 6 (8): 9555-9559.

[120] Liang T T, Liu Y D, Zhang P F, et al. Interface and valence modulation on scalable phosphorene/phosphide lamellae for efficient water electrolysis [J]. Chem. Eng. J., 2020, 395: 124976.

[121] Tao H B, Xu Y, Huang X, et al. A general method to probe oxygen evolution intermediates at operating conditions [J]. Joule, 2019, 3 (6): 1498-1509.

[122] Qi J, Zhang W, Cao R. Aligned cobalt-based $Co@CoO_x$ nanostructures for efficient electrocatalytic water oxidation [J]. Chem. Commun., 2017, 53: 9277-9280.

[123] Zhang J M, Tao H B, Kuang M, et al. Advances in thermodynamic-kinetic model for analyzing the oxygen evolution reaction [J]. ACS Catal., 2020, 10: 8597-8610.

[124] Wu Q, Gao Q, Sun L, et al. Facilitating active species by decorating CeO_2 on Ni_3S_2 nanosheets for efficient water oxidation electrocatalysis [J]. Chinese J. Catal., 2021, 42 (3): 482-489.

[125] Wang T, Zhang X, Zhu X, et al. Hierarchical CuO@ ZnCo LDH heterostructured nanowire arrays toward enhanced water

oxidation electrocatalysis [J]. Nanoscale, 2020, 12（9）: 5359-5362.

[126] Wu Z, Wang Z, Geng F. Radially aligned hierarchical nickel/nickel-iron（Oxy）hydroxide nanotubes for efficient electrocatalytic water splitting [J]. ACS Appl. Mater. Interfaces, 2018, 10（10）: 8585-8593.

[127] Liang Q, Zhong L, Du C, et al. Achieving highly efficient electrocatalytic oxygen evolution with ultrathin 2d Fe-doped nickel thiophosphate nanosheets [J]. Nano Energy, 2018, 47: 257-265.

[128] Cao Q, Luo M, Huang Y, et al. Temperature and doping-tuned coordination environments around electroactive centers in Fe-doped α（β）-Ni（OH）$_2$ for excellent water splitting [J]. Sustain. Energ. Fuels, 2020, 4（3）: 1522-1531.

[129] Liu Q, Huang J, Zhao Y, et al. Tuning the coupling interface of ultrathin Ni_3S_2@NiV-LDH heterogeneous nanosheet electrocatalysts for improved overall water splitting [J]. Nanoscale, 2019, 11（18）: 8855-8863.

[130] Sivanantham A, Ganesan P, Shanmugam S. Hierarchical $NiCo_2S_4$ nanowire arrays supported on Ni foam: an efficient and durable bifunctional electrocatalyst for oxygen and hydrogen evolution reactions [J]. Adv. Funct. Mater., 2016, 26: 4661-4672.

[131] Huang K, Hu A, Huang C, et al. Ultrafast activating strategy to significantly enhance the electrocatalysis of commercial carbon cloth for oxygen evolution reaction and overall water splitting [J]. ChemNanoMat, 2020, 6（4）: 542-549.

[132] Zhao T, Wang Y, Chen X, et al. Vertical growth of porous perovskite nanoarrays on nickel foam for efficient oxygen evolutionreaction [J]. ACS Sustain. Chem. Eng., 2020, 8（12）: 4863-487.

[133] Zhang J T, Yu L, Chen Y, et al. Designed formation of double-shelled Ni-Fe layered-double-hydroxide nanocages for efficient oxygen evolution reaction [J]. Adv. Mater., 2020, 32: 1906432.

[134] Nocera D G. The artificial leaf [J]. Acc Chem. Res., 2012, 45: 767-776.

[135] Crabtree G W, Dresselhaus M S, BuchananM V. The hydrogen economy [J]. Phys. Today., 2004: 57, 39-44.

[136] Walter M G, Warren E L, McKone J R, et al. Solar water splitting cells [J]. Chem. Rev., 2010, 110: 6446-6473.

[137] Liu C, Colon B C, Ziesack M, et al. Water splitting-biosynthetic system with CO_2 reduction efficiencies exceeding photosynthesis [J]. Science, 2016, 352: 1210-1213.

[138] Seh Z W, Kibsgaard J, Dickens C F, et al. Combining theory and experiment in electrocatalysis: Insights into materials design [J]. Science, 2017, 355: 4998.

[139] Jiao F, Frei H. Nanostructured cobalt oxide clusters in mesoporous silica as efficient oxygen-evolving catalysts [J]. Angew Chem., Int. Ed., 2009, 48: 1841-1844.

[140] Youngblood W J, Lee S H A, Kobayashi Y, et al. Photo assisted overall water splitting in a visible light-absorbing dye-sensitized photoelectrochemical cell [J]. J. Am. Chem. Soc., 2009, 131: 926-927.

[141] Li D, Baydoun H, Verani C N, et al. Efficient water oxidation using CoMnP nanoparticles [J]. J. Am. Chem. Soc., 2016, 138: 4006-4009.

[142] Wu P W, Wu J, Si H N, et al. 3D holey-graphene architecture expedites ion transport kinetics to push the OER performance [J]. Adv. Energy Mater., 2020, 18: 2001005.

[143] Zagalskaya A, Alexandrov V. Role of defects in the interplay between adsorbate evolving and lattice oxygen mechanisms of the oxygen evolution reaction in RuO_2 and IrO_2 [J]. ACS Catal., 2020, 10: 3650-3657.

[144] Tian J, Liu Q, Asiri A M, et al. Self-supported nanoporous cobalt phosphide nanowire arrays: an efficient 3d hydrogen-evolving cathode over the wide range of pH 0-14 [J]. J. Am Chem. Soc., 2014, 136: 7587-7590.

[145] Luo J, Im J H, Mayer M T, et al. Water photolysis at 12.3% efficiency via perovskite photovoltaics and earth-abundant catalysts [J].

Science, 2014, 345: 1593-1596.

[146] Yuan C, Wu H B, Xie Y, et al. Mixed transition-metal oxides: design, synthesis, and energy-related applications [J]. Angew Chem., Int. Ed., 2014, 53: 1488-1504.

[147] Bao J H, Liu W Q, Zhou Y M, et al. Interface nanoengineering of PdNi-S/C nanowires by sulfite-induced for enhancing electrocatalytic hydrogen evolution [J]. ACS Appl. Mater. Interfaces, 2020, 12: 2243-2251.

[148] Chen G B, Wang T, Zhang J, et al. Accelerated hydrogen evolution kinetics on NiFe-layered double hydroxide electrocatalysts by tailoring water dissociation active sites [J]. Adv. Mater., 2018, 30: 1706279.

[149] Staszak-Jirkovsky J, Malliakas C D, Lopes P P, et al. Design of active and stable Co-Mo-Sxchalcogels as pH-universal catalysts for the hydrogen evolution reaction [J]. Nat. Mater., 2016, 15: 197-203.

[150] Takahashi Y, Kobayashi Y, Wang Z Q, et al. High-resolution electrochemical mapping of the hydrogen evolution reaction on transition-metal dichalcogenide nanosheets [J]. Angew. Chem., Int. Ed., 2020, 59: 3601-3608.

[151] Liu Y, Zhang J H, Li Y P, et al. Manipulating dehydrogenation kinetics through dualdoping Co_3N electrode enables highly efficient hydrazine oxidation assisting self-powered H_2 production [J]. Nat. Commun., 2020, 11: 1853.

[152] Zhao D, Zhuang Z W, Cao X, et al. Atomic site electrocatalysts for water splitting, oxygen reduction and selective oxidation [J]. Chem. Soc. Rev., 2020, 49: 2215-2264.

[153] Oturan M A, Aaron J J. Advanced oxidation processes in water/wastewater treatment: principles and applications. a review [J]. Crit. Rev. Env. Sci. Tec., 2014, 44: 2577-2641.

[154] Bambagioni V, Bevilacqua M, Bianchini C, et al. Self-sustainable production of hydrogen, chemicals, and energy from renewable alcohols by electrocatalysis [J]. ChemSusChem, 2010, 3:

851-855.

[155] Wang H, Li X B, Gao L, et al. Three-dimensional graphene networks with abundant sharp edge sites for efficient electrocatalytic hydrogen evolution[J]. Angew Chem., Int. Ed., 2018, 57: 192-197.

[156] Qin H, Liu Z, Guo Y, et al. The affects of membrane on the cell performance when using alkaline borohydride-hydrazine solutions as the fuel [J]. Int. J. Hydrogen Energy, 2010, 35: 2868-2871.

[157] Tang C, Zhang R, Lu W, et al. Energy-saving electrolytic hydrogen generation: Ni_2P nanoarray as a high-performance non-noble-metal electrocatalyst [J]. Angew. Chem., Int. Ed., 2017, 56: 842-846.

[158] Sun Q, Wang L, Shen Y, et al. Bifunctional copper-doped nickel catalysts enable energyefficient hydrogen production via hydrazine oxidation and hydrogen evolution reduction [J]. ACS Sustainable Chem. Eng., 2018, 6: 12746-12754.

[159] Qi S, Wu D, Dong Y, et al. Cobalt-based electrode materials for sodiumion batteries [J]. Chem. Eng. J., 2019, 370: 185-207.

[160] Li X X, Deng X H, Li Q J, et al. Hierarchical double-shelled poly (3,4-ethylenedioxythiophene) and MnO_2 decorated Ni nanotube arrays for durable and enhanced energy storage in supercapacitors [J]. Electrochim. Acta, 2018, 264: 46-52.

[161] Wu K, Shen D, Meng Q, et al. Octahedral Co_3O_4 particles with high electrochemical surface area as electrocatalyst for water splitting [J]. Electrochim. Acta, 2018, 288: 82-90.

[162] Ma T Y, Dai S, Jaroniec M, et al. Metal-organic framework derived hybrid Co_3O_4-carbon porous nanowire arrays as reversible oxygen evolution electrodes [J]. J. Am. Chem. Soc. 2014, 136: 13925-13931.

[163] Wei R, Zhou X, Zhou T, et al. Co_3O_4 nanosheets with in-plane pores and highly active {112} exposed facets for high performance lithium storage [J]. J. Phys. Chem. C, 2017, 121: 19002-19009.

[164] Xia T, Wallenmeyer P, Anderson A, et al. Hydrogenated black ZnO nanoparticles with enhanced photocatalytic performance [J]. RSC Adv., 2014, 4: 41654-41658.

[165] Liu M, Zhang R, Zhang L X, et al. Energy-efficient electrolytic hydrogen generation using a Cu_3P nanoarray as a bifunctional catalyst for hydrazine oxidation and water reduction [J]. Inorg. Chem. Front., 2017, 4: 420-423.

[166] Filanovsky B, Granot E, Presmanb I, et al. Long-term room-temperature hydrazine/air fuel cells based on low-cost nanotextured Cu-Ni catalysts [J]. J. Power Sources, 2014, 246: 423-429.

[167] Wang H, Ma Y J, Wang R F, et al. Liquid-liquid interface-mediated room temperature synthesis of amorphous NiCo pompoms from ultrathin nanosheets with high catalytic activity for hydrazine oxidation [J]. Chem. Commun., 2015, 51: 3570-3573.

[168] Li J, Tang W J, Yang H D, et al. Enhanced-electrocatalytic activity of $Ni_{1-x}Fe_x$ alloy supported on polyethyleneimine functionalized MoS_2 nanosheets for hydrazine oxidation [J]. RSC Adv., 2014, 4: 1988-1995.

[169] Sun M, Lu Z Y, Luo L, et al. A 3d porous Ni-Cu alloy film for highperformance hydrazine electrooxidation [J]. Nanoscale, 2016, 8: 1479-1484.

[170] Feng G, Kuang Y, Li P S, et al. Single crystalline ultrathin nickel-cobalt alloy nanosheets array for direct hydrazine fuel cells [J]. Adv. Sci., 2017, 4: 1600179.

[171] Tang C, Zhang R, Lu W B, et al. Energy-saving electrolytic hydrogen generation: Ni_2P nanoarray as a high-performance non-noble-metal electrocatalyst [J]. Angew Chem. Int. Ed., 2016, 55: 1-6.

[172] Kuang Y, Feng G, Li P S, et al. Single-crystalline ultrathin nickel nanosheets array from in situ topotactic reduction for active and stable electrocatalysis [J]. AngewChem. Int. Ed., 2016, 55: 693-697.

[173] Feng G, Kuang Y, Li Y J, et al. Three-dimensional porous superaerophobic nickel nanoflower electrodes for high-performance

hydrazine oxidation [J]. Nano Res., 2015, 10: 3365-3371.

[174] Wang X L, Zheng Y X, Jia M L, et al. Formation of nanoporous NiCuP amorphous alloy electrode by potentiostatic etching and its application for hydrazine oxidation [J]. Int. J. Hydrogen Energy, 2016, 41: 8449-8458.

[175] Wen X P, Dai H B, Wu L S, et al. Electroless plating of Ni-B film as a binder-free highly efficient electrocatalyst for hydrazine oxidation [J]. Appl Surf. Sci, 2017,409: 132-139.

[176] Ma X, Wang J M, Liu D N, et al. Hydrazine-assisted electrolytic hydrogen production: CoS_2 nanoarray as a superior bifunctional electrocatalyst [J].New J. Chem., 2017, 41: 4754-4757.

[177] Jia J, Xiong T, Zhao L, et al. Ultrathin N-doped Mo_2C nanosheets with exposed active sites as efficient electrocatalyst for hydrogen evolution reactions [J]. ACS Nano, 2017, 11: 12509-12518.

[178] Xia B Y, Yan Y, Li N, et al. A metal-organic framework-derived bifunctional oxygen electrocatalyst [J]. Nat. Energy, 2016, 1: 15006.

[179] Wu Y Z, Chen M X, Han Y Z, et al. Fast and simple preparation of iron-based thin films as highly efficient water-oxidation catalysts in neutral aqueous solution [J]. Angew Chem. Int. Ed. 2015, 54: 4870-4875.

[180] Kong D, Cha J J, Wang H, et al. First-row transition metal dichalcogenide catalysts for hydrogen evolution reaction [J]. Energy Environ. Sci., 2013, 6: 3553-3558.

[181] Wang K X, Wang X Y, Li Z J, et al. Designing 3d dual transition metal electrocatalysts for oxygen evolution reaction in alkaline electrolyte: beyond oxides [J]. Nano Energy, 2020, 77: 105162.

[182] Roger I, Shipman M A, Symes M D. Earth-abundant catalysts for electrochemical and photoelectrochemical water splitting [J]. Nat. Rev. Chem., 2017, 1: 3.

[183] Xie L S, Qu F L, Liu Z, et al. In situ formation of a 3d core/shell structured $Ni_3N@Ni$-Bi nanosheet array: an efficient non-

noble-metal bifunctional electrocatalyst toward full water splitting under near-neutral conditions [J]. J. Mater. Chem. A, 2017, 5 (17): 7806-7810.

[184] Zhang H J, Li X P, Hähnel A, et al. Bifunctional heterostructure assembly of NiFe LDH nanosheets on NiCoPnanowires for highly efficient and stable overall water splitting [J]. Adv. Funct. Mater., 2018, 28: 1706847.

[185] Zhang R, Tang C, Kong R M, et al. Al-doped CoP nanoarray: a durable water-splitting electrocatalyst with superhigh activity [J]. Nanoscale, 2017, 9: 4793-4800.

[186] Han L, Dong S, Wang E. Transition-metal (Co, Ni, and Fe)-based electrocatalysts for the water oxidation reaction [J]. Adv. Mater., 2016, 28: 9266-9291.

[187] Chen Y, Rui K, Zhu J, et al. Recent progress of nickel-based oxide/(oxy)hydroxide electrocatalysts for the oxygen evolution reaction [J]. Chem. Eur. J., 2019, 25: 703-713.

[188] Wang J, Cui W, Liu Q, et al. Recent progress in cobalt based heterogeneous catalysts for electrochemical water splitting [J]. Adv. Mater., 2016, 28: 215-230.

[189] Wu Z C, Wang X, Huang J S, et al. A Co-doped Ni-Fe mixed oxide mesoporous nanosheet array with low overpotential and high stability towards overall water splitting [J]. J. Mater. Chem. A, 2018, 6: 167-178.

[190] Tang T, Jiang W J, Niu S, et al. Electronic and morphological dual modulation of cobalt carbonate hydroxides by MN doping toward highly efficient and stable bifunctional electrocatalysts for overall water splitting [J]. J. Am. Chem. Soc., 2017, 139: 8320-8328.

[191] Bao J, Zhang X, Fan B, et al. Ultrathin spinel-structured nanosheets rich in oxygen deficiencies for enhanced electrocatalytic water oxidation [J]. Angew Chem., Int. Ed., 2015, 54: 7399-7404.

[192] Lu W B, Liu T T, Xie L S, et al. In situ derived Co-B nanoarray: a high-efficiency and durable 3d bifunctional

electrocatalyst for overall alkaline water splitting [J]. Small, 2017, 13: 1700805.

[193] Take T, Tsurutani K, Umeda M. Hydrogen production by methanol-water solution electrolysis [J]. J. Power Sources, 2007, 164: 9-16.

[194] Zhang H F, Ren W N, Guan C, et al. Pt decorated 3d vertical graphene nanosheet arrays for efficient methanol oxidation and hydrogen evolution reactions [J]. J. Mater. Chem. A, 2017, 5: 22004-22011.

[195] Sarno M, Ponticorvo E, Scarpa D. PtRh and PtRh/MoS$_2$ nano-electrocatalysts for methanol oxidation and hydrogen evolution reactions[J]. Chem. Eng. J., 2019, 377: 120600.

[196] Dai L, Qin Q, Zhao X J, et al. Electrochemical partial reforming of ethanol into ethyl acetate using ultrathin Co$_3$O$_4$ nanosheets as a highly selective anode catalyst [J]. ACS Cent. Sci., 2016, 2, 8: 538-544.

[197] Wang W B, Zhu Y B, Wen Q L, et al. Modulation of molecular spatial distribution and chemisorption with perforated nanosheets for ethanol electro-oxidation [J]. Adv. Mater., 2019, 31 (28): 1900528.

[198] Bigiani L, Andreu T, Maccato C, et al. Engineering Au/MnO$_2$ hierarchical nanoarchitectures for ethanol electrochemical valorization [J]. J. Mater. Chem. A, 2020, 8 (33): 16902-16907.

[199] Pu Z, Amiinu I S, Gao F, et al. Efficient strategy for significantly decreasing overpotentials of hydrogen generation via oxidizing small molecules at flexible bifunctional CoSe electrodes [J]. J. Power Sources, 2018, 401: 238-244.

[200] Jiang Y, Gao S S, Liu J L, et al. Ti-mesh supported porous CoS$_2$ nanosheet self-interconnected networks with high oxidation states for efficient hydrogen production via urea electrolysis [J]. Nanoscale, 2020, 12: 11573-11581.

[201] Han W K, Li X P, Lu L N, et al. Partial S substitution activates NiMoO$_4$ for efficient and stable electrocatalytic urea oxidation

[J]. Chem. Commun., 2020, 56, 11038-11041.

[202] Song M, Zhang Z J, Li Q W, et al. Ni-foam supported Co (OH)F and Co-P nanoarrays for energy-efficient hydrogen production via urea electrolysis [J]. J. Mater. Chem. A, 2019, 7: 3697-3703.

[203] Wang C, Lu H L, Mao Z Y, et al. Bimetal schottky heterojunction boosting energy-saving hydrogen production from alkaline water via urea electrocatalysis [J]. Adv. Funct Mater., 2020, 30 (21): 2000556.

[204] Wang L, Cao J, Cheng X, et al. ZIF-derived carbon nanoarchitecture as a bifunctional pHuniversal electrocatalyst for energy-efficient hydrogen evolution [J]. ACS Sustain. ChemEng., 2019, 7: 10044-10051.

[205] Zhang L, Liu D, Hao S, et al. Electrochemical hydrazine oxidation catalyzed by iron phosphide nanosheets array toward energy-efficient electrolytic hydrogen production from water [J]. ChemistrySelect, 2017, 2: 3401-3407.

[206] Zhao Y, Jia N, Wu X R, et al. Rhodium phosphide ultrathin nanosheets for hydrazine oxidation boosted electrochemical water splitting [J]. Adv. Appl. Catal. B: Environ., 2020, 270: 118880.

[207] Sun Q Q, Zhou M, Shen Y Q, et al. Hierarchical nanoporous Ni (Cu) alloy anchored on amorphous NiFeP as efficient bifunctional electrocatalysts for hydrogen evolution and hydrazine oxidation [J]. J. Catal., 2019, 373: 180-189.

[208]Wu L S, Wen X P, Wen H, et al. Palladium decorated porous nickel having enhanced electrocatalytic performance for hydrazine oxidation [J]. J. Power Sources, 2019, 412: 71-77.

[209] Wang J M, Kong R M, Asiri A M, et al. Replacing oxygen evolution with hydrazine oxidation at the anode for energy - saving electrolytic hydrogen production [J]. ChemElectroChem, 2017, 4: 481-484.

[210] Wen H, Gan L Y, Dai H B, et al. In situ grown Ni phosphide nanowire array on Ni foam as a high-performance catalyst for hydrazine electrooxidation [J]. Appl. Catal. B: Environ., 2019,

241：292-298.

[211] Liu Y，Zhang J H，Li Y P，et al. Manipulating dehydrogenation kinetics through dual-doping Co$_3$N electrode enables highly efficient hydrazine oxidation assisting self-powered H$_2$ production [J]. Nat. Commun., 2020, 11：1853.

[212] Wang Z Y，Xu L，Huang F Z，et al. Copper-nickel nitride nanosheets as efficient bifunctional catalysts for hydrazine-assisted electrolytic hydrogen production [J]. Adv. Energy Mater., 2019, 9：1900390.

[213] Liu X J，He J，Zhao S Z，et al. Self-powered H$_2$ production with bifunctional hydrazine as sole consumable [J]. Nat. Commun., 2018，9：4365.

[214] Hu S N，Tan Y，Feng C Q，et al. Synthesis of N doped NiZnCu-layered double hydroxides with reduced graphene oxide on nickel foam as versatile electrocatalysts for hydrogen production in hybrid-water electrolysis [J]. J. Power Sources, 2020, 453：227872.

[215] Babar P，Lokhande A，Karade V，et al. Trifunctional layered electrodeposited nickel iron hydroxide electrocatalyst with enhanced performance towards the oxidation of water, urea and hydrazine [J]. J. Colloid Interf. Sci., 2019, 557：10-17.

[216] Feng G，Kuang Y，Li P S，et al. Single crystalline ultrathin nickel-cobalt alloy nanosheets array for direct hydrazine fuel cells [J]. Adv. Sci., 2017, 4：1600179.

[217] Sun M，Lu Z Y，Luo L，et al. A 3d porous Ni-Cu alloy film for highperformance hydrazine electrooxidation [J]. Nanoscale, 2016, 8：1479-1484.

[218] Wang X Q，Chen Y F，He J R，et al. Vertical Vdoped CoP nanowall arrays as a highly efficient and stable electrocatalyst for the hydrogen evolution reaction at all pH values [J]. ACS Appl. Energy Mater., 2020, 3：1027-1035.

[219] Feng Z B，Wang E P，Huang S，et al. A bifunctional nanoporous Ni-Co-Se electrocatalyst with a superaerophobic surface for water and hydrazine oxidation [J]. Nanoscale, 2020, 12：4426-

4434.

[220] Wang G X, Chen J X, Cai P W, et al. A self-supported Ni-Co perselenide nanorod array as a high-activity bifunctional electrode for a hydrogen-producing hydrazine fuel cell [J]. J. Mater. Chem. A, 2018, 6: 17763-17770.

[221] Yang Q F, Cui Y C, Li Q Y, et al. Nanosheets derived ultrafine $CoRuO_x$@NC nanoparticles with Core@Shellstructure as bifunctional electrocatalyst for electrochemical water splitting with high current density or low power input [J]. ACS Sustain Chem. Eng., 2020, 8, 32: 12089-12099.

[222] Akbar K, Jeon J H, Kim M, et al. Bifunctional electrodeposited 3d $NiCoSe_2$/nicklefoam electrocatalysts for its applications in enhanced oxygen evolution reaction and for hydrazine oxidation [J]. ACS Sustain. Chem. Eng., 2018, 6: 7735-7742.

[223] Wen X P, Dai H B, Wu L S, et al. Electroless plating of Ni-B film as a binder-free highly efficient electrocatalyst for hydrazine oxidation [J]. Appl. Surf. Sci., 2017, 409: 132-139.

[224] Yang H C, Zhang Y J, Hu F, et al. Urchin-like CoP nanocrystals as hydrogen evolution reaction and oxygen reduction reaction dual-electrocatalyst with superior stability [J]. Nano Lett., 2015, 15: 7616-7620.

[225] Liu Q, Tian J Q, Cui W, et al. Carbon nanotubes decorated with CoP nanocrystals: a highly active non-noble-metal nanohybrid electrocatalyst for hydrogen evolution [J]. Angew. Chem., 2014, 126: 6828-6832.

[226] Yang X L, Lu A Y, Zhu Y H, et al. CoP nanosheet assembly grown on carbon cloth: a highly efficient electrocatalyst for hydrogen generation [J]. Nano Energy, 2015, 15: 634-641.

[227] Sun T, Liu P, Yang D H, et al. Silica-free synthesis of mesoporous Co_3O_4/CoO_xP_y as a highly active oxygen evolution reaction [J]. ChemNanoMat. 2019, 5: 1390-1397.

[228] Li S F, Li M X, Ni Y H. Grass-like Ni/Cu nanosheet arrays grown on copper foam as efficient and non-precious catalyst

for hydrogen evolution reaction [J]. Appl. Catal. B: Environ., 2020, 268: 118392.

[229] Li S, Yang N, Liao L, et al. Doping β CoMoO$_4$ nanoplates with phosphorus for efficient hydrogen evolution reaction in alkaline media [J]. ACS Appl. Mater. Interfaces, 2018, 10: 37038-37045.

[230] Wang X, Zhou H, Zhang D, et al. Mn doped NiP$_2$ nanosheets as an efficient electrocatalyst for enhanced hydrogen evolution reaction at all pH values [J]. J. Power Sources, 2018, 387: 1-8.

[231] Wang Z C, Liu H L, Ge R X, et al. Phosphorus-doped Co$_3$O$_4$ nanowire array: a highly efficient bifunctional electrocatalyst for overall water splitting [J]. ACS Catal., 2018, 8: 2236-2241.

[232] Sun T, Liu P, Zhang Y, et al. Boosting the electrochemical water splitting on Co$_3$O$_4$ through surface decoration of epitaxial S-doped CoO layers [J]. Chem. Eng. J., 2020, 390: 124591.

[233] Pan Y, Ren H J, Chen R Z, et al. Enhanced electrocatalytic oxygen evolution by manipulation of electron transfer through cobalt-phosphorous bridging [J]. Chem. Eng. J., 2020, 398: 125660.

[234] Zhang J T, Yu L, Chen Y, et al. Designed formation of double-shelled Ni-Fe layered-double-hydroxide nanocages for efficient oxygen evolution reaction [J]. Adv Mater., 2020, 32: 1906432-1906438.

[235] Pan L L, Wang Q Q, Li Y D, et al. Amorphous cobalt-cerium binary metal oxides as high performance electrocatalyst for oxygen evolution reaction [J]. J. Catal., 2020, 384: 14-21.

[236] Ji L L, Wang J Y, Teng X, et al. CoP nanoframes as bifunctional electrocatalysts for efficient overall water splitting [J]. ACS Catal., 2020, 10: 412-419.

[237] Yuan F F, Wei J D, Qin G X, et al. Carbon cloth supported hierarchical core-shell NiCo$_2$S$_4$@CoNi-LDH nanoarrays as catalysts for efficient oxygen evolution reaction in alkaline solution [J]. J. Alloy. Compd., 2020, 830: 154658-154667.

[238] Fu Q, Han J C, Wang X J, et al. 2D transition

metal dichalcogenides: design, modulation, and challenges in electrocatalysis [J]. Adv. Mater., 2020, 18: 1907818.

[239] Fang S, Zhu X R, Liu X K, et al. Uncovering near-free platinum single-atom dynamics during electrochemical hydrogen evolution reaction [J]. Nat. Commun., 2020, 11: 1029.

[240] Suito R B, Menezes P W, Driess M. Amorphous outperforms crystalline nanomaterials: surface modifications of molecularly derived CoP electro (pre) catalysts for efficient water-splitting [J]. J. Mater. Chem. A, 2019, 7: 15749-15756.

[241] Guo P, Wang Z J, Ge S H, et al. In situ coupling reconstruction of cobalt-iron oxide on a cobalt phosphate nanoarray with interfacial electronic features for highly enhanced water oxidation catalysis [J]. ACS Sustainable Chem. Eng., 2020, 8, 12: 4773-4780.

[242] Sun M, Lu Z Y, Luo L, et al. 3D porous Ni-Cu alloy film for high performance hydrazine electrooxidation [J]. Nanoscale, 2016, 8: 1479-1484.